AF537802

RAINER LÜTHJE

DIE KLEINE GEZEITENKUNDE

EBBE UND FLUT
EINFACH ERKLÄRT

DELIUS KLASING VERLAG

Inhalt

Vorwort

Die Gezeiten sind ein beeindruckendes Naturschauspiel, und die meisten von Ihnen haben sicherlich schon einmal das tägliche Steigen und Fallen des Wassers an den Küsten der Meere oder Ozeane beobachten können. Dieses Ereignis wirft aber auch einige Fragen auf. Wie kommen diese Erscheinungen zustande? Wieso sind die Auswirkungen der Gezeiten von Ort zu Ort verschieden? Welche Bedeutung haben die Gezeiten für die Küstenbewohner und für die Schifffahrt? Wofür braucht man die *Gezeitentafeln* oder einen *Gezeitenkalender*?

Dieses Buch ist aus einem Skript für den Unterricht im Rahmen eines Lehrgangs für angehende Seevermessungstechniker im Jahr 2006 entstanden. Seitdem wurde der Inhalt bedingt durch viele in der täglichen Praxis gestellte Fragen über die Jahre ergänzt, erweitert und verbessert.

Es soll helfen, die Gezeitenphänomene so weit zu verstehen, wie es für die Praxis notwendig ist. Dieses Buch hat nicht den Anspruch einer wissenschaftlichen Veröffentlichung oder auf Vollständigkeit. Daher sind die Beschreibungen und Grafiken sehr einfach gehalten und teilweise stark übertrieben. Auf komplizierte Formeln und Beweisführungen wurde bewusst verzichtet. Zielgruppe dieses Buches sind die täglich betroffenen Menschen an der Küste, Besatzungen auf den Schiffen, Gewässerkundler in den Wasserstraßen- und Schifffahrtsämtern sowie Sportbootfahrer. Es soll zugleich als Unterrichtsunterlage für die Ausbildung von angehenden Wassersportlern dienen.

Wer tiefer in das Thema Gezeiten einsteigen möchte, kann dies mithilfe der zahlreichen wissenschaftlichen Literatur und der weiterführenden Literatur, die am Ende dieses Buchs im Literaturverzeichnis aufgeführt ist, tun. Zudem ist das Thema Gezeiten auf der Internetseite des Bundesamtes für Seeschifffahrt und Hydrographie (BSH) unter der Rubrik THEMEN • WASSERSTAND UND GEZEITEN • GEZEITEN beschrieben.

Rainer Lüthje

1 Entstehung der Gezeiten

1.1 Allgemeine Beschreibung der Gezeitenerscheinungen

Das **regelmäßige Heben und Senken der Wasser- und Landmassen** wird als **Gezeiten** bezeichnet. Deren Erscheinungen wurden schon von den Römern beschrieben, als sie sich zum Nordatlantik und zur Nordsee vorwagten.

Im 17. Jahrhundert ist aus dem mittelniederdeutschen Wort **»Getide«** (festgesetzte Zeit) das Wort Gezeiten entstanden. Die Gezeitenerscheinungen treten allerdings nicht in allen Meeresgebieten der Erde in gleicher Form auf. Die Gezeitenkräfte sind so klein, dass ihre Wirkung selbst auf großen Binnenseen nur mit erheblichem Aufwand messbar ist. Erst auf den Ozeanen sind die Gezeitenbewegungen merklich zu erkennen (mittlerer Tidenhub 0,8 m). Die periodischen Änderungen der **Stellung der gezeitenerzeugenden Gestirne** zur Erde führen zusammen mit der **Trägheit des Wassers**, der **Reibung** und der **Ablenkung durch die Erddrehung** zu sehr komplizierten und örtlich sehr unterschiedlichen Gezeitenbewegungen. Die **Gezeitenwellen** nehmen bei den auftretenden Wellen in allen Meeren eine Sonderstellung ein und bedürfen daher einer eigenen Betrachtung. Sie gehören zu den **fortschreitenden langen Wellen**, die sich durch Umformungen zu stehenden langen Wellen oder Drehwellen verändern können. Bei den halbtägigen Gezeitenwellen kann die Wellenlänge in flachen Gewässern wie z. B. der Nordsee mehrere hundert Kilometer lang sein. Das bedeutet, dass die Wellen im Verhältnis zu ihrer Länge sehr flach sind.

Hoch- und Niedrigwasser in der Hamburger Deichstraße.

Wie schon gesagt wird das abwechselnde Steigen und Fallen des Wasserstandes **Gezeiten** genannt. Dagegen wird das waagerechte Hin- und Herströmen der Wasserteilchen als **Gezeitenstrom** bezeichnet. Die Gezeiten und die Gezeitenströme treten in Abhängigkeit vom jeweiligen Ort in regelmäßiger etwa halb- oder eintägiger Wiederkehr auf.

1.2 Massenanziehung (Gravitationskraft)

Im Jahre 1687 beschrieb Isaac Newton das allgemeine Gravitationsgesetz. Darin wird die Gravitation (Schwerkraft) grundsätzlich als Anziehungskraft beschrieben.

Die Himmelsmechanik ist die aus der Physik stammende Lehre der Bewegungen von astronomischen Objekten. Dazu gehört unter anderem die **Gravitationskraf**t, die auf jeden Körper wirkt. Die Gravitationskraft ist die wichtigste Kraft im Universum, sie ist der Antrieb aller Bewegungsänderungen.

Das Newton'sche Gravitationsgesetz beinhaltet folgende Aussage:

- ***Jede Masse M1 zieht eine andere Masse M2 mit einer Kraft F_G an.***
- ***Die Stärke der Kraft F_G ist proportional zum Produkt von den jeweiligen Massen M1 und M2.***
- ***Die Stärke der Kraft F_G nimmt mit dem Quadrat des Abstands D der Massen M1 und M2 zueinander ab.***

In einer Formel ausgedrückt:

$$F_G = \gamma \frac{M1 \times M2}{D^2}$$

Gravitationskonstante
γ = **0,0000000000667** $[\frac{m^3}{kg\ s^2}]$

$F_G\ [\frac{kg\ m}{s^2}]$, M $[kg]$, D $[m]$

Isaac Newton.

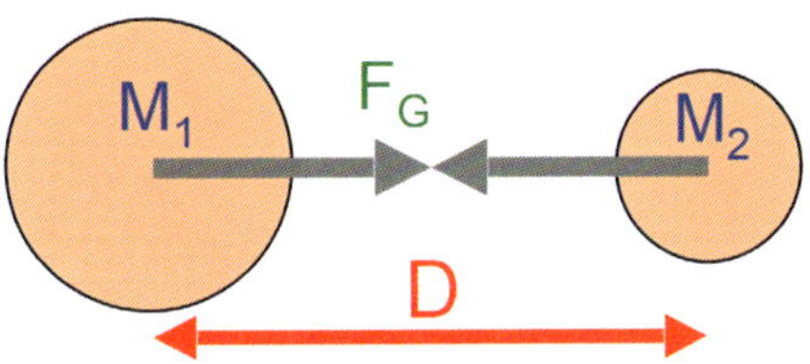

In der unteren Grafik sind die beiden Massen gleichgeblieben, während sich die Entfernung zwischen ihnen verringert hat. Die beiden Körper **M1** und **M2** ziehen sich gegenseitig mit einer jeweils betragsmäßig gleichen Kraft **F_G** an. Das hat zur Folge, dass sich die Anziehungskräfte absolut vergrößert haben.

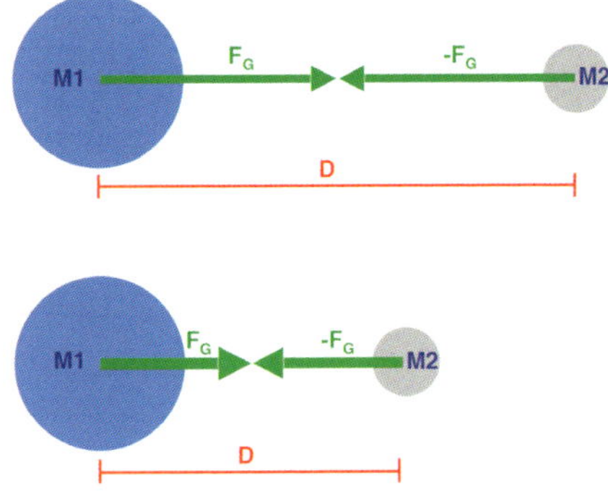

1.3 Gezeitenerzeugende Kräfte

Warum gibt es jeden Tag Hoch- und Niedrigwasser? Woher kommen die Gezeiten? Was ist deren Ursprung?

Um Antworten auf diese Fragen zu finden, müssen wir uns mit der Astronomie, genauer dem Teilgebiet der Himmelsmechanik beschäftigen. Aus der **Wechselwirkung der Gravitationskraft (Massenanziehung)** von Himmelskörpern und deren Bahnbewegungen entstehen die **Gezeiten.**

Die Gravitationskräfte von Mond und Erde bewirken eine gegenseitige Anziehung beider Körper. Diese Anziehung ruft eine **»Dehnungskraft«** oder eine Gezeitenkraft an jedem Punkt der Erde hervor. Die Massen von Mond und Erde sind eine feste Größe, die sich nicht ändert. Im vorherigen Kapitel haben wir gelernt, dass für die Gravitationskraft auch die Entfernung entscheidend ist. Das bedeutet, dass die mondzugewandte Seite auf der Erde eine stärkere **Gravitationsbeschleunigung a** durch den Mond erfährt als die mondabgewandte Seite.

Formel der Gravitationsbeschleunigung a:

$$a_1 = \frac{F_G}{M_1} \quad [m/s^2]$$

Die Differenzen der Anziehungskräfte zwischen der Mitte S⟶ des Erdkörpers und einem beliebigen Punkt auf der Erde (A-D)⟶ werden als die verbleibenden gezeitenerzeugenden Kräfte F_G⟶ bezeichnet. Anders ausgedrückt ist die Gezeitenkraft F_G die Differenz aus den unterschiedlichen örtlichen Anziehungskräften.

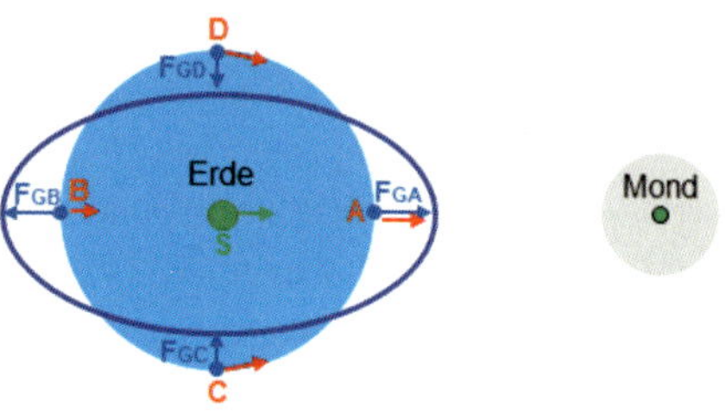

Eine Zerlegung der Anziehungskräfte **A-D** und **S** in Kräftevektoren F_G ergibt folgende Bewegungen:

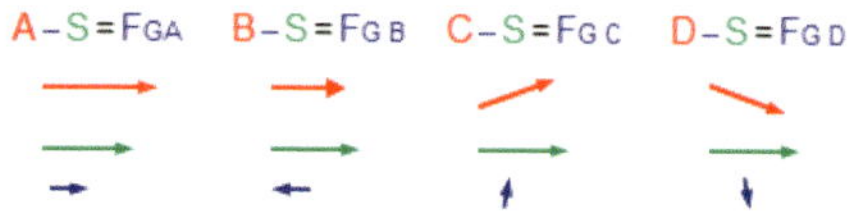

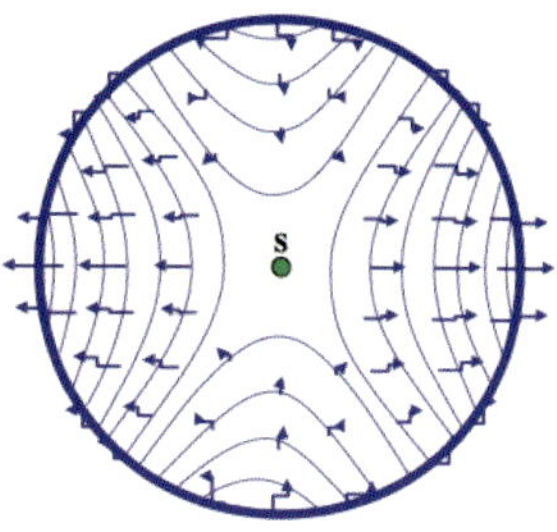

Wenn diese verbleibenden gezeitenerzeugenden Kräfte auf eine vollständig mit Wasser bedeckte Erde übertragen werden, entstehen jeweils zwei »Wasserberge« und zwei »Wassertäler«. Aus der kreisrunden Form wird etwa eine Ellipsenform (Rugbyball).

Annahme:
Die Erde ist vollständig mit Wasser bedeckt

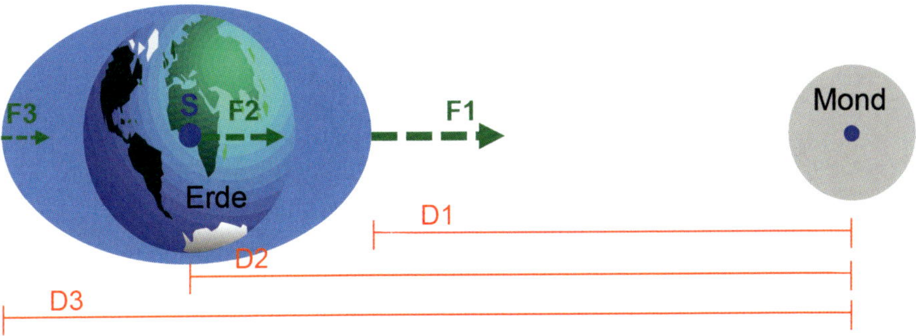

Das gleiche gilt auch für die Anziehungskräfte zwischen Sonne und Erde.

In der bisherigen Betrachtung der gezeitenerzeugenden Kräfte wurde die Erddrehung um die eigene Achse außer Acht gelassen. Sie hat tatsächlich auch keinen Einfluss auf die Entstehung dieser Kräfte. Nur für einen Beobachter auf der Erde ergibt sich durch die Drehung ein periodischer Verlauf der gleichen gezeitenerzeugenden Kräfte des Mondes (siehe Abbildung), d. h. durch die Erddrehung wird der »Wellenberg« nur positionell verlagert.

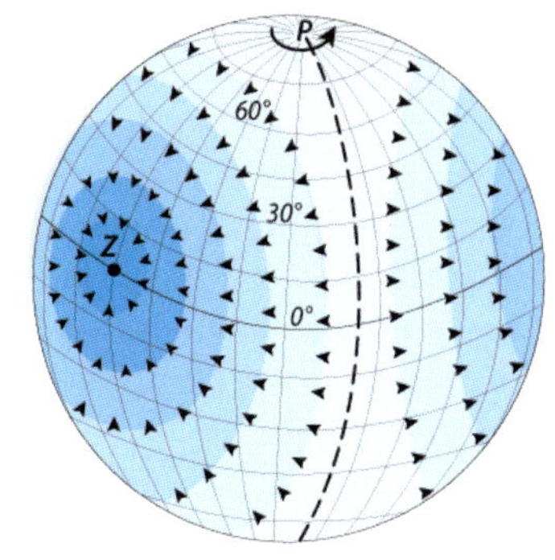

Verteilung der horizontalen Komponenten der gezeitenerzeugenden Kräfte. Im Zenit Z steht der Mond über dem Äquator.

1.4 Gezeiten in den Ozeanen

Die Erde ist strenggenommen keine Kugel, und ihre Oberfläche ist mit Kontinenten und Ozeanen bedeckt. Durch die unterschiedlichen Anziehungskräfte wird die Erde gestreckt bzw. gedehnt. Eine wichtige Erkenntnis ist, dass die Gezeitenkräfte so gering sind, dass die eher festen Landmassen sich kaum ausdehnen. Dagegen kann das flüssige Wasser der Ozeane stärker auf die Gezeitenkräfte reagieren.

Die Wasseroberfläche der Ozeane ist stets bestrebt, sich senkrecht zur Anziehungskraft **(Schwerkraft)** der Erde (Erdmittelpunkt) auszurichten.

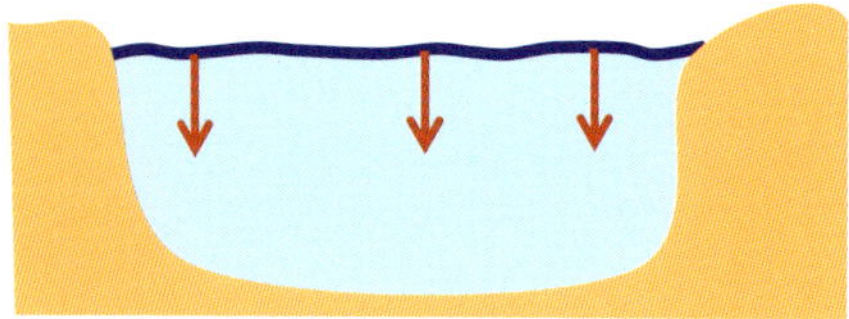

Die Anziehungskraft des Mondes stört permanent die Schwerkraft der Erde. Durch die Erddrehung und den Lauf des Mondes nimmt die Stärke der Schwerkraftstörung ständig eine andere Ausrichtung zu jedem Punkt auf der Erde ein. Das bedeutet, dass sich laufend die Richtung und die Entfernung zum Mond verändert. **Durch diese variierenden Schwerkraftstörungen finden Anhäufungen und ein Abziehen der Wassermassen statt, und die Wasseroberfläche hebt und senkt sich.**

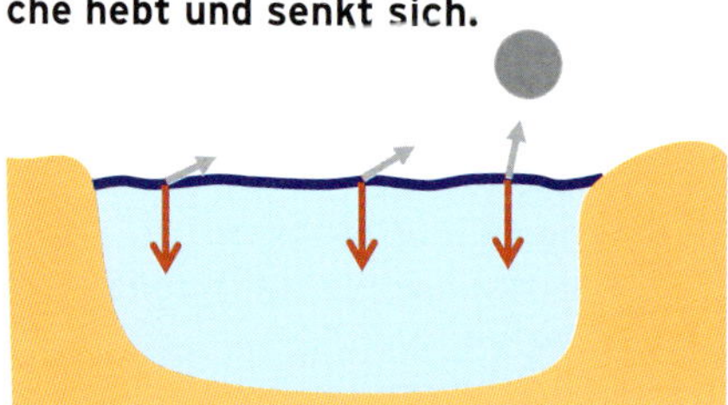

Praktisch folgen die Wassermassen nicht dem »Lauf des Mondes«, sondern werden zum Hin- und Herschwingen innerhalb der Ozeane angeregt.

Die Ozeane bestehen aus vielen eigenständigen Meeresbecken, die mehr oder weniger miteinander verbunden sind. Das hat zur Folge, dass die wiederholenden Schwerkraftstörungen durch Mond und Sonne im Gesamtsystem der Ozeane und der Kleinmeere in erdumspannenden pulsierenden Gezeitenwellen laufen.

4:00 Uhr

Ozeangezeiten
2. 1.2021 4:00 UT

10:10 Uhr

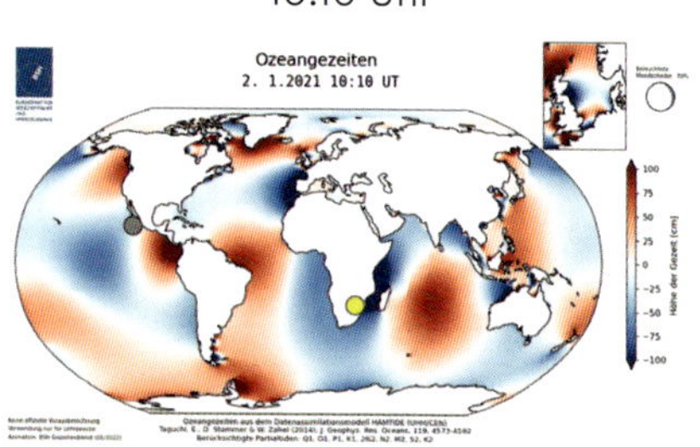

15:15 Uhr

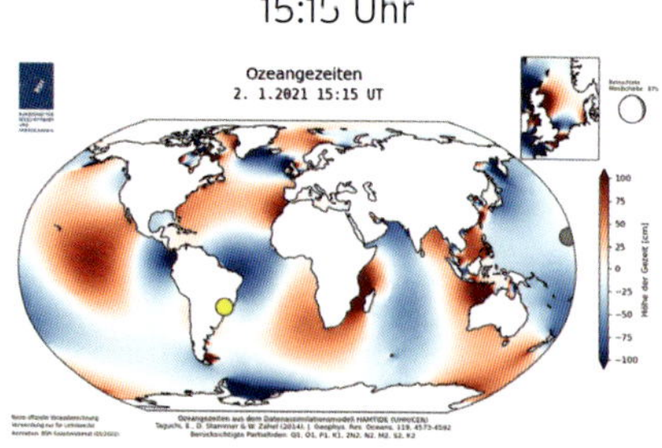

1.5 Gezeiteneinflüsse des Mondes, der Sonne und der Planeten auf die Erde

Gestirn	Entfernung (E) zur Erde		Massen (M)		größter Betrag der gezeitenerzeugenden Kräfte (K)
	mittlere [10^9 m]	kleinste [10^9 m]	Erde = 5,975 [10^{24} kg]	Erde = 1	Mond = 1
Mond	0,3844	0,356	0,07	0,012	**1**
Sonne	149,6	147,1	1.990.000	333054,39	**0,46**
Venus		39	4,89	0,815	**0,000 064**
Jupiter		588	1902	317,82	**0,000 007**
Mars		55	0,65	0,107	**0,000 003**
Merkur		79	0,34	0,056	**0,000 000 53**
Saturn		1195	570	95,11	**0,000 000 26**
Uranus		2580	88	14,52	**0,000 000 004**
Neptun		4300	104	17,22	**0,000 000 001**
Pluto*		4295	0,6	0,18	**0,000 000 000 006**

** Seit August 2016 hat Pluto den Status Zwergplanet.*

Gezeiteneinflüsse des Mondes, der Sonne und der Planeten in %

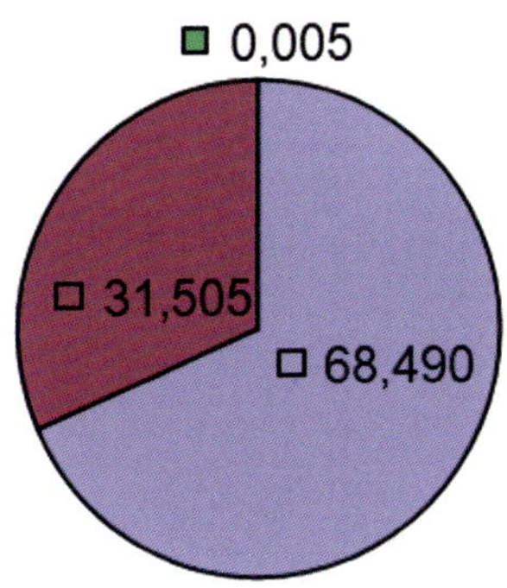

2 Astronomische Auswirkungen auf die Gezeiten

Die sich ständig ändernde Konstellation von Sonne, Mond und Erde hat einen entscheidenden Einfluss auf die gezeitenerzeugenden Kräfte. Da sich die **Gestirne** nicht auf Kreisbahnen, sondern auf **elliptischen Bahnen** verschieden schnell umeinanderdrehen und sich die **Stellungen im Raum** (Entfernungen) zueinander **verändern, verstärken oder vermindern sich die astronomischen Kräfte**. In der Praxis ist dieses an täglich, monatlich und jährlich ändernden Gezeitenverhältnissen an der deutschen Nordseeküste gut zu beobachten. Streng genommen gibt es keine Wiederholung von denselben gezeitenerzeugenden Kräften. Im folgenden Kapitel werden die stärksten astronomischen Einflüsse kurz beschrieben. Es gibt weitaus mehr »astronomische Störungen«, was aber hier aufgrund seiner Komplexität zu weit führen würde.

54

Hamburg, St. Pauli, Elbe 2022

Breite: 53° 33' N, Länge: 9° 58' E

Tag	Januar HW - Zeit		Januar NW - Zeit		Tag	Februar HW - Zeit		Februar NW - Zeit	
1 Sa	2:24	14:54	9:42	22:15	1 Di ●	4:08	16:49	11:42	
2 So ●	3:23	15:56	10:47	23:13	2 Mi	5:03	17:41	0:00	12:37
3 Mo	4:18	16:52	11:45		3 Do	5:50	18:26	0:50	13:26
4 Di	5:09	17:45	0:05	12:39	4 Fr	6:34	19:08	1:34	14:10
5 Mi	5:59	18:37	0:55	13:32	5 Sa	7:14	19:45	2:15	14:48
6 Do	6:48	19:26	1:45	14:23	**6 So**	7:53	20:20	2:51	15:23
7 Fr	7:33	20:09	2:30	15:08	7 Mo	8:31	20:55	3:26	15:50
8 Sa	8:16	20:50	3:09	15:49	8 Di ◐	9:08	21:28	4:00	16:26
9 So ◐	9:00	21:34	3:48	16:30	9 Mi	9:45	22:03	4:32	16:54
10 Mo	9:47	22:19	4:32	17:12	10 Do	10:31	22:55	5:10	17:37
11 Di	10:38	23:09	5:18	17:56	11 Fr	11:37		6:09	18:45
12 Mi	11:37		6:13	18:52	12 Sa	0:10	13:01	7:33	20:10
13 Do	0:10	12:46	7:21	19:59	**13 So**	1:34	14:21	9:01	21:30
14 Fr	1:18	13:56	8:35	21:07	14 Mo	2:47	15:25	10:13	22:32
15 Sa	2:23	14:57	9:42	22:06	15 Di	3:42	16:14	11:07	23:20
16 So	3:19	15:48	10:39	22:55	16 Mi ○	4:25	16:54	11:50	
17 Mo	4:05	16:32	11:26	23:37	17 Do	5:02	17:32	0:00	12:28
18 Di ○	4:44	17:12		12:06	18 Fr	5:37	18:08	0:38	13:06
19 Mi	5:20	17:49	0:14	12:43	19 Sa	6:12	18:42	1:15	13:42
20 Do	5:55	18:24	0:51	13:21	**20 So**	6:47	19:16	1:49	14:16
21 Fr	6:30	18:59	1:27	13:57	21 Mo	7:22	19:52	2:23	14:51
22 Sa	7:03	19:35	2:00	14:31	22 Di	8:00	20:28	3:00	15:29
23 So	7:39	20:13	2:35	15:09	23 Mi ◑	8:39	21:04	3:38	16:03
24 Mo	8:19	20:53	3:14	15:49	24 Do	9:18	21:44	4:14	16:36
25 Di ◑	8:59	21:31	3:55	16:27	25 Fr	10:12	22:45	4:58	17:28
26 Mi	9:42	22:17	4:35	17:07	26 Sa	11:30		6:07	18:47
27 Do	10:39	23:19	5:25	18:02	**27 So**	0:08	13:04	7:40	20:20
28 Fr	11:53		6:34	19:16	28 Mo	1:38	14:33	9:15	21:46
29 Sa	0:35	13:17	7:58	20:38					
30 So	1:54	14:37	9:22	21:56					
31 Mo	3:06	15:48	10:38	23:03					

● Neumond ◐ erstes Viertel ○ Vollmond ◑ letztes Viertel

Mitteleuropäische Zeit

2.1 Tägliche Verspätung, Erde/Mond

Rhythmus: etwa 24 Stunden und 50 Minuten

Wenn man im Gezeitenkalender z. B. die linke Spalte der Hochwasserzeiten von oben nach unten verfolgt, stellt man fest, dass die Hochwasser jeden Tag etwas später eintreten. (7:33, 8:16, 9:00, 9:47, 10:38, 11:37, ...)
Man spricht davon, dass »**die Gezeiten laufen**«. In diesem herausgegriffenen Zeitraum »verspäten« sich die Hochwasser jeden Tag um ca. 43 bis 59 Minuten.

Was ist der Grund dafür, dass die Gezeiten »laufen« und sich »verspäten«?

Eine Erdumdrehung:
360° = 24 Stunden = 1440 Minuten

Ein Mondumlauf um die Erde:
360° = 29,5 Tage (synodischer Monat)

Ein Tag Mondlauf:
12,2° = 360°/29,5 [Tage]

Grund der täglichen Verspätung der Gezeiten:

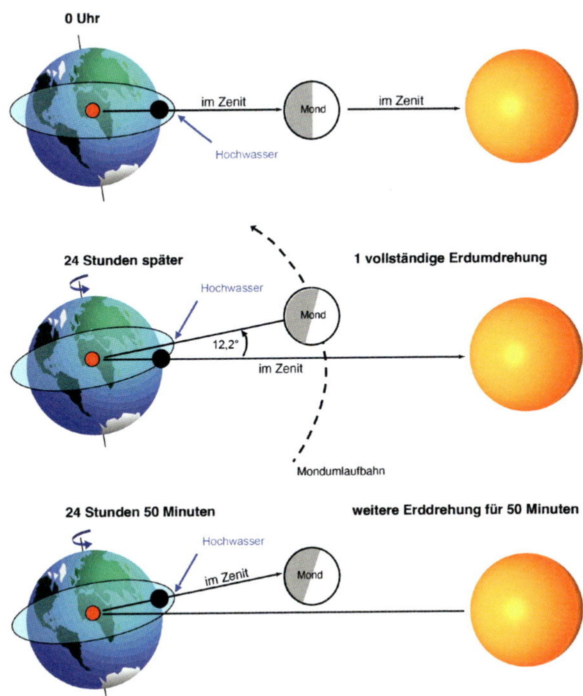

Grobe Formel für die tägliche Verspätung
(Annahme: ein Kreis und Bewegungsstopp nach 24 Std.)#

$$\frac{1440[min]}{360°} \times 12{,}2° = \textbf{48,8 Minuten}$$

Warum unterliegen die »Verspätungen« Schwankungen?
Die Mondumlaufbahn hat ungefähr eine ellipsenförmige Form, und die Erde liegt nicht im Zentrum. Das hat zur Folge, dass der Mond entweder erdnah oder erdfern ist. Von der Erde aus betrachtet beträgt die **mittlere tägliche Umlaufzeit des Mondes etwa 24 Stunden und 50,5 Minuten**.

Die »Verspätung von etwa 50 Minuten« unterliegt allerdings Schwankungen. Der Grund dafür ist die ständige Änderung der Umlaufgeschwindigkeit. Wenn der Mond erdnah ist, erhöht sich die Geschwindigkeit, und die Verspätung ist größer (etwa 25 Std. 15 Min.). Bei Erdferne ist seine Geschwindigkeit langsamer und die Verspätung kürzer (24 Std. 25 Min.).

In dem betrachteten Zeitraum liegen die Schwankungen der Hochwasserzeiten in Hamburg, St. Pauli zwischen 43 Min. und 1 Std. 10 Min.

Tag	HW-Zeit		Tagesdifferenzen der HW
7 Fr	7:33	20:09	
8 Sa	8:16	20:50	*0 43*
9 So	9:00	21:34	*0 44*
10 Mo	9:47	22:19	*0 47*
11 Di	10:38	23:09	*0 51*
12 Mi	11:37		*0 59*
13 Do	0:10	12:46	*1 09*
14 Fr	1:18	13:56	*1 10*
15 Sa	2:23	14:57	*1 01*

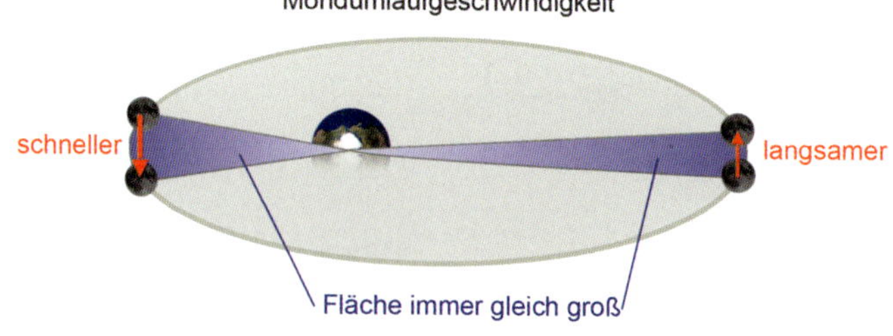

2.2 Tägliche Höhenunterschiede, Erde/Mond

Rhythmus: 12 Stunden

In den folgenden Grafiken ist deutlich zu erkennen, dass dem niedrigeren Hochwasser jeweils ein höheres Hochwasser folgt. Bei den Niedrigwassern ist der Höhenunterschied nicht so stark ausgebildet.

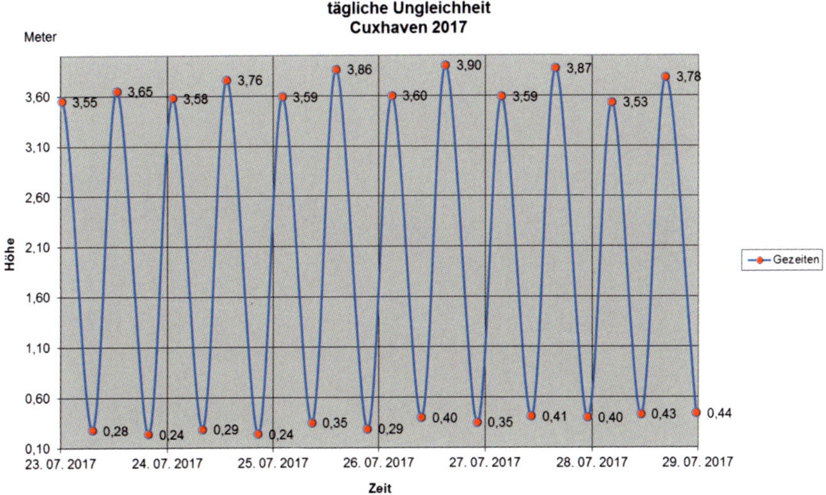

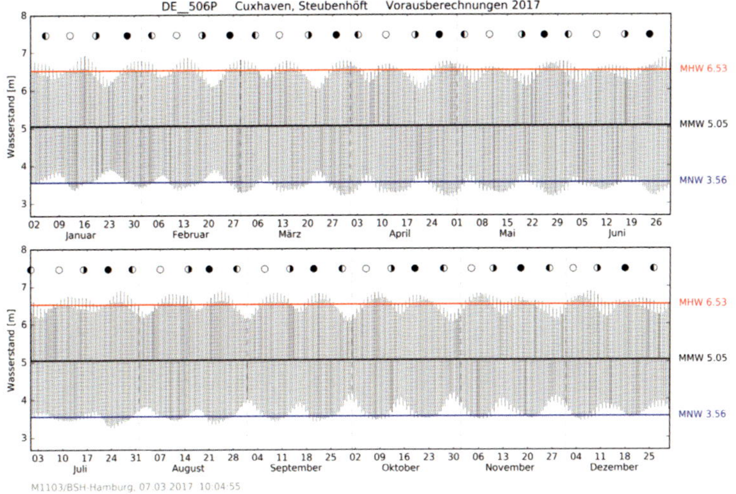

Woher kommt dieser Wasserstandsunterschied?

Der Grund für den täglichen Wechsel zwischen einem niedrigen und höheren Hochwasser ist folgender:

1.
Die **Erdachse ist** auf der Umlaufbahn (Ekliptik) um die Sonne um **23,5° geneigt**.

2.
Die **Erde dreht** sich in 24 Stunden einmal **um die eigene Achse**.

In der folgenden vereinfachten Darstellung ist die Wasserfläche zum Mond ausgerichtet. Hierbei wird die Bewegung des Mondes um die Erde außer Acht gelassen. Der rote Punkt ist ein beliebiger Standort auf der Erde. In einem Zeitraum von 24 Stunden ändert sich ständig die gezeitenbedingte Wasserhöhe über dem roten Punkt. Dabei sind die Hoch- bzw. Niedrigwasser am größten, wenn der rote Punkt am nächsten zur Mondbahn liegt.

Die folgende Grafik verdeutlicht dies während der Sommerzeit auf der Nordhalbkugel. Das gleiche gilt selbstverständlich auch zur Winterzeit auf der Nordhalbkugel.

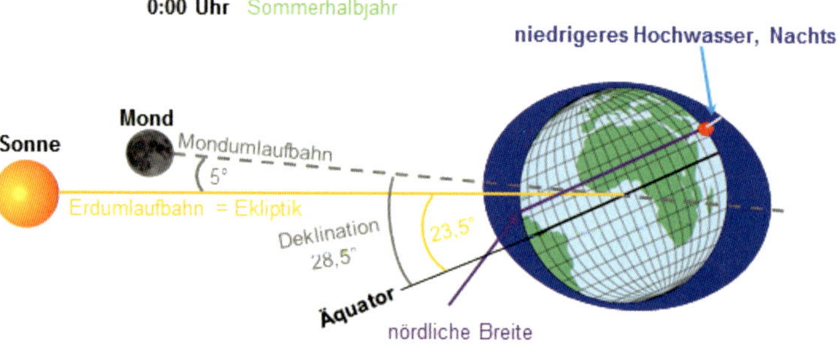

Zwölf Stunden später hat sich die Erde um 180° weitergedreht.

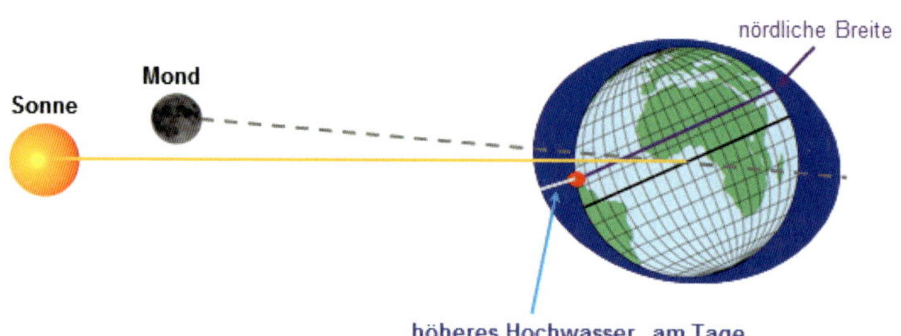

Der Sachverhalt wird noch komplizierter, wenn man den Mondumlauf um die Erde mitberücksichtigt. Dann ändern sich die gezeitenerzeugenden Kräfte ständig (Spring-, Mitt-, Nippzeit). Jeden Tag gibt es jeweils ein höheres und ein niedrigeres Hochwasser bzw. Niedrigwasser. Beim Lauf des Mondes um die Erde wirkt die Größe der Deklination (Winkel zum Erdäquator) verstärkend oder mindernd. Die Höhenunterschiede aufeinanderfolgender Hochwasser bzw. Niedrigwasser sind mehrere Tage nach dem Eintreten der größten nördlichen oder südlichen Deklination des Mondes am größten. Dagegen gibt es zum Zeitpunkt des Äquatordurchganges des Mondes keinen großen Höhenunterschied zwischen zwei aufeinanderfolgenden Hoch- bzw. Niedrigwasserereignissen. **Die Reihenfolge des höheren und niedrigeren Hochwassers bzw. Niedrigwassers wechselt beim Monddurchgang durch die Ekliptikebene.** Diese Wechsel haben eine wiederkehrende Periode eines vollen tropischen Monats, d. h. 27,3216 Tage und treten daher jeweils zwei Mal im Monat auf.

2.3 Halbmonatlicher Wechsel von Vollmond zu Neumond, Mondphasen

Rhythmus: etwa 14 Tage

Durch die Umrundung des Mondes um die Erde entstehen zwei sich ständig ändernde gezeitenerzeugende Kräfte. Diese können sich ergänzen oder auch gegenseitig abschwächen.

➔ ellipsenförmige Umlaufbahn des Mondes

Der Mond läuft auf einer **nicht zentrierten Ellipsenbahn** gegen den Uhrzeigersinn um die Erde. Dies hat zur Folge, dass sich die Entfernung zwischen Mond und Erde ständig ändert (geringste Entfernung 356.000 km und größte Entfernung 407.000 km). Dadurch verändern sich auch die gezeitenerzeugenden Kräfte.

➔ Mondphasen

Die unterschiedlichen Erscheinungsbilder des Mondes von der Erde aus gesehen nennt man Mondphasen. Der Mond braucht 27,5 Tage (anomalistischer Monat) für einen Umlauf um die Erde. Die Stellung Mond, Erde und Sonne zueinander definiert die Mondphasen. Stehen nun der Mond, die Erde und die Sonne in einer Linie, ist Neumond oder Vollmond, bei rechtwinkliger Stellung zueinander steht der Mond im ersten oder letzten Viertel (siehe Grafik). Die Zeitspanne von Neumond zu Neumond beträgt nicht etwa 27,5 Tage, sondern 29,5 Tage (synodischer Monat). Der Grund liegt darin, dass sich die Erde auch um die Sonne bewegt, während der Mond die Erde umkreist. So bilden Mond, Erde und Sonne erst nach weiteren zwei Tagen wieder eine Linie, der Mond muss noch etwas »nachlaufen«.

Mondumlaufzeiten um die Erde:

Synodischer Monat:
aus Erdsicht die gleiche Mondstellung zur Sonne → **29,5306 Tage**

Anomalistischer Monat:
Durchgang vom erdnächsten Punkt zum nächsten → **27,5545 Tage**

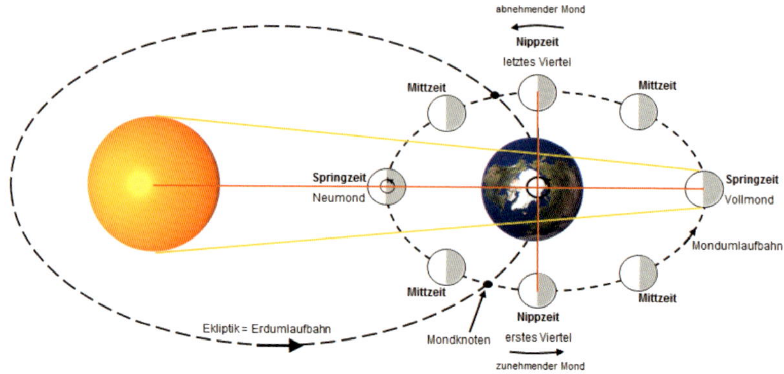

In der Gezeitenkunde werden die Mondphasen Neumond und Vollmond als **Springzeit** bezeichnet, das erste und letzte Viertel als **Nippzeit**. **Mittzeit** liegt zwischen Spring- und Nippzeit (siehe nachfolgende Grafik). Diese beiden Phasen treten im etwa 14-tägigen Wechsel auf. Bei Voll- und Neumond addieren sich die gezeitenerzeugenden Kräfte, während sie im ersten und letzten Viertel der Mondphasen entgegengesetzt wirken (siehe auch Grafik der Vorausberechnungen von Cuxhaven, Kapitel 4.2).

Daraus ergeben sich für einen halben Mondumlauf etwa folgende Zeiträume:

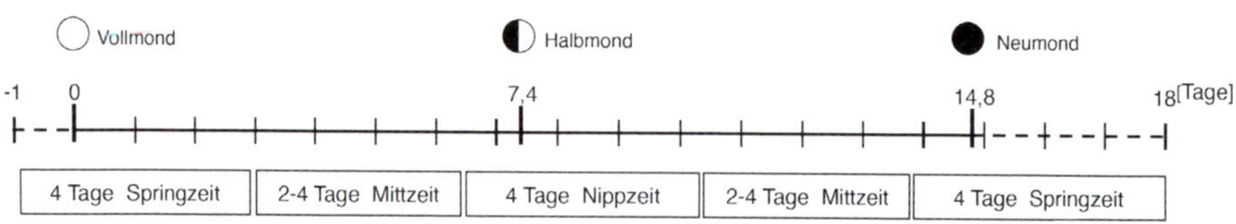

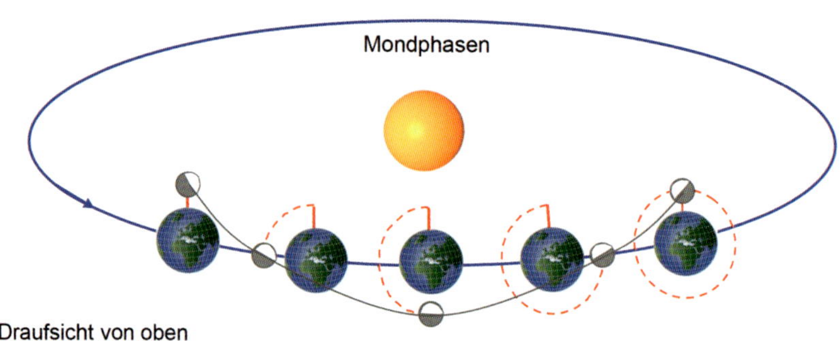

Die folgenden Grafiken zeigen, wie die Summe der gezeitenerzeugenden Kräfte von Sonne und Mond auf die Erde wirkt und eine Erhöhung oder Erniedrigung der Wasserstände ergibt.

Springzeit

Zur Springzeit addieren sich die Anziehungskräfte von Mond und Sonne, was höhere Hochwasser und niedrigere Niedrigwasser zur Folge hat.

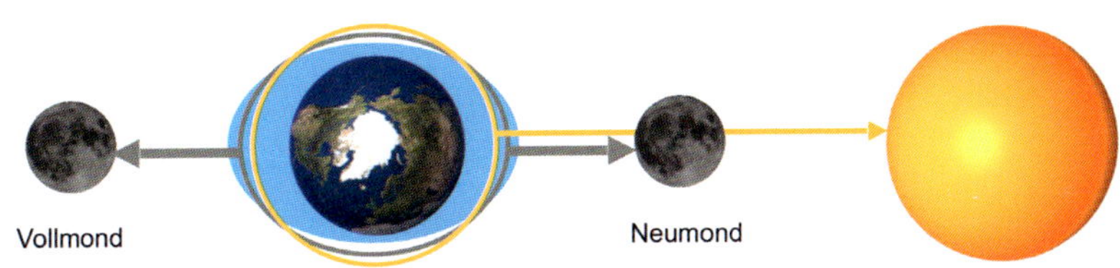

Annahme: die Erde ist vollständig von Wasser bedeckt

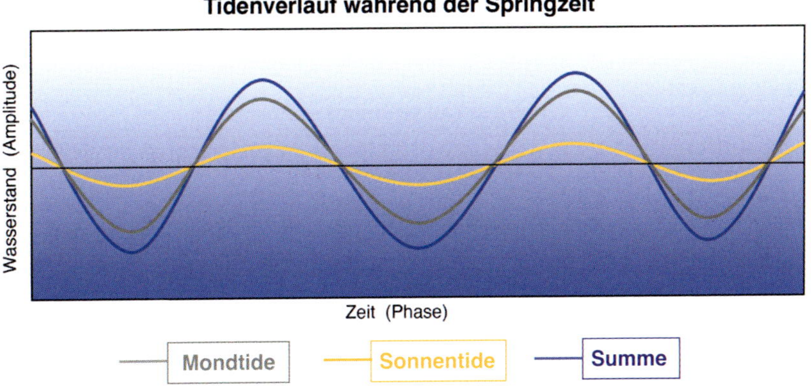

Nippzeit

Zur Nippzeit subtrahieren sich die Anziehungskräfte von Mond und Sonne, was niedrigere Hochwasser und höhere Niedrigwasser zur Folge hat.

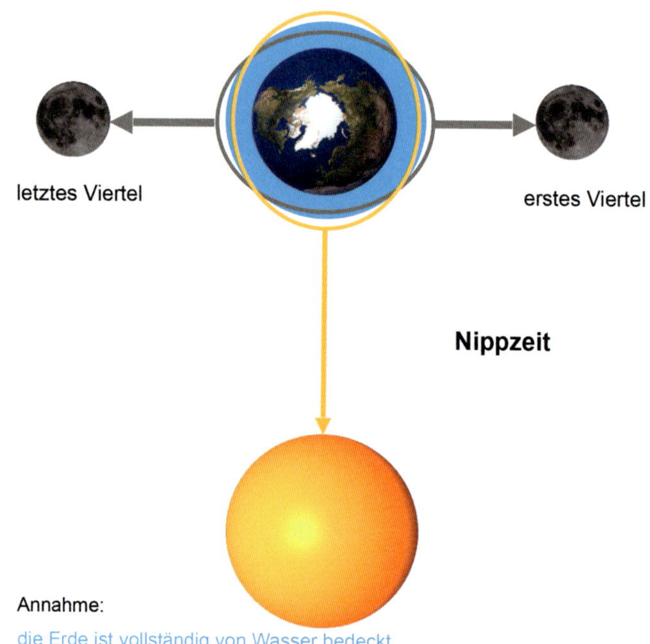

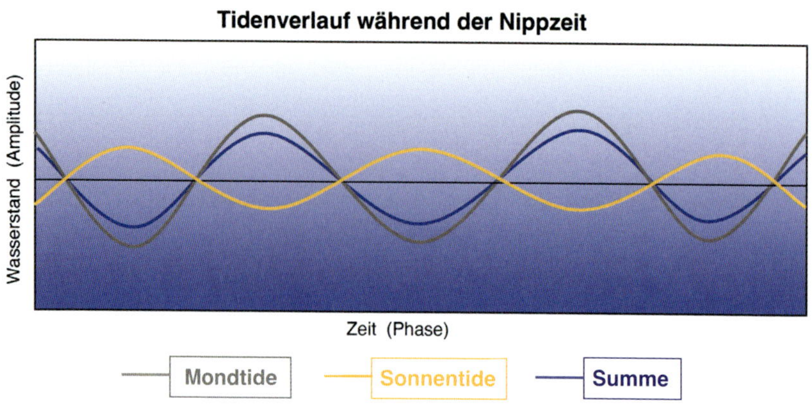

Mittzeit

Zur Mittzeit herrschen mittlere Verhältnisse für die Hoch- und Niedrigwasser.

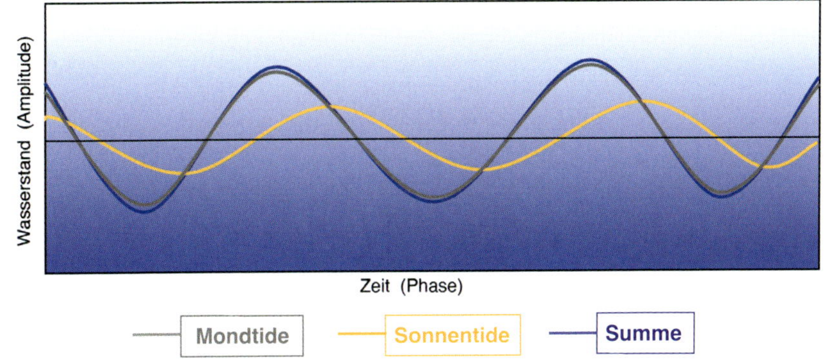

2.4 Jährliche Höhenunterschiede, Erde/Sonne

Rhythmus: etwa 12 Monate

2.4.1 Ellipsenförmige Umlaufbahn

Für die Gezeitenkräfte ist die **jährliche Änderung der Entfernung** zwischen Sonne und Erde nicht so bedeutend.
Die Erde befindet sich Anfang Januar an ihrem sonnennächsten und Anfang Juli an ihrem sonnenfernsten Punkt. Im Sommer sind die durch die Sonne verursachten Anziehungskräfte am kleinsten. Die mittlere Entfernung von der Erde zur Sonne beträgt 149.600.000 km. Die Differenz zwischen dem entferntesten und dem nächsten Punkt beträgt etwa 5.000.000 km.

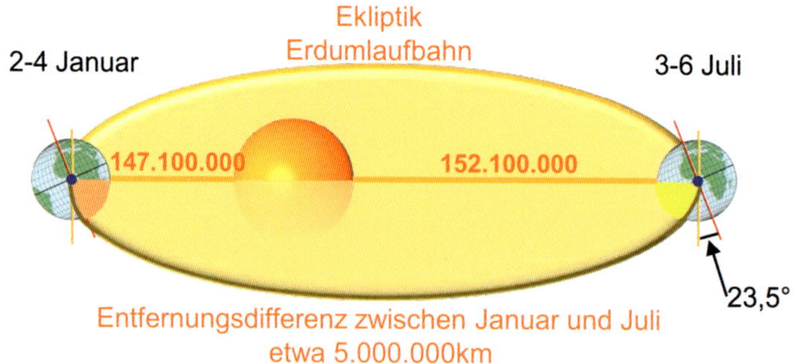

2.4.2 Geneigte Erdachse

In der folgenden vereinfachten Darstellung ist die Wasserfläche zur Sonne ausgerichtet. Wie bereits im Kapitel 2.2 beschrieben, sind auch in der Beziehung Erde-Sonne höhere und niedrigere Hoch- bzw. Niedrigwasser zu beobachten. Der rote Punkt in der Grafik ist ein beliebiger Standort auf der Erde. In einem Zeitraum von 365 Tagen ändert sich die gezeitenbedingte Wasserhöhe über diesem Standort ständig. Dabei sind die Hoch- bzw. Niedrigwasser am größten, wenn die Position des Standortes am nächsten zur Ekliptik liegt. Das hat zur Folge, dass auf der Nordhalbkugel im Winter die höheren Hochwasser in der Nacht und im Sommer am Tage vorkommen. Der Wechsel findet mit dem Durchgang der Sonne durch den Äquator statt. Dieser Prozess unterliegt hiermit einer jährlichen Wiederholung.

Fazit:

Durch die geneigte Erdachse ist der Standort auf der Nordhalbkugel im Sommer der Sonne am nächsten, jedoch durch den Abstand der Umlaufbahn am entferntesten. Dadurch beeinflussen sich diese beiden Ereignisse gegenseitig, wobei die stärkere Wirkung der geneigten Erdachse durch den Einfluss der Entfernung der Umlaufbahn leicht abgeschwächt wird.

Entscheidend ist die Stellung des Mondes im Raum (Mondphasen), die diese Kräfte verstärkt oder vermindert.

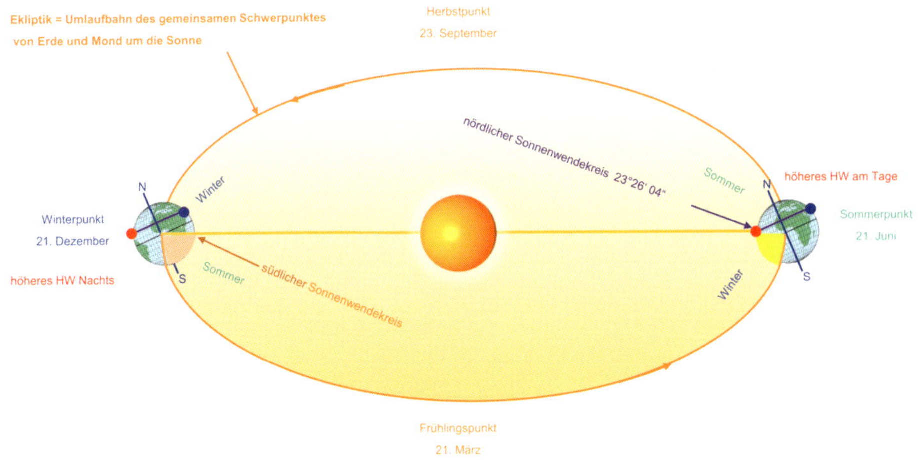

2.5 Langzeitliche Drehung der Mondumlaufbahnebene

Rhythmus: etwa 8,85 Jahre

Wie bereits erwähnt, ist die Mondumlaufbahn ellipsenförmig. Diese Ellipse dreht sich in ihrer Bahnebene gegen den Uhrzeigersinn im Raum (vom Nordpol der Ekliptik aus betrachtet).

Eine Umdrehung der Mondumlaufbahnebene dauert 8 Jahre und 310 Tage (8,85 Jahre).

Demzufolge verändert sich das Zusammenspiel von Sonne und Mond, also die **Summe der gezeitenerzeugenden Kräfte** auf die Erde stetig über die Jahre. Der erdnächste Punkt des Mondes verschiebt sich etwa 41° pro Jahr (360°/8,85 = 41°) weiter im Raum.

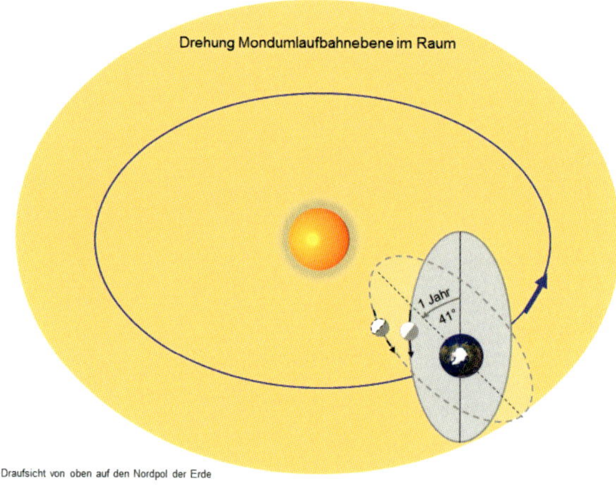

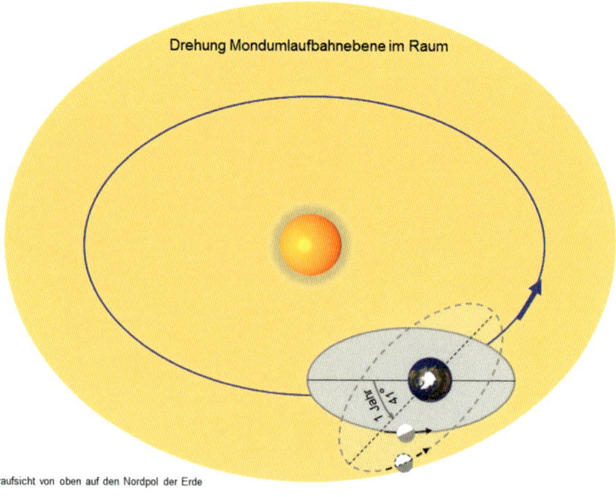

2.6 Langzeitliche Drehung der Mondknotenlinie

Rhythmus: etwa 18,61 Jahre

Die Mondumlaufbahnebene ist nicht gleich der Erdumlaufbahnebene (Ekliptik), sondern eine um 5° zur Ekliptik geneigte Ebene. Der Punkt, an dem der Mond auf seiner Bahn die Ekliptik durchstößt, wird als Mondknoten bezeichnet. Der Mond befindet sich auf seiner Umlaufbahn um die Erde oberhalb oder unterhalb der Ekliptik.

Die beiden Mondknoten sind im Sonnensystem nicht fest ausgerichtet, sondern drehen sich im Uhrzeigersinn. Bei einer Drehung der Mondknotenlinie vergehen 18,61 Jahre. Diese sich ändernde astronomische Konstellation hat zum Beispiel Einfluss auf die zeitliche Verschiebung der Wechselpunkte der Reihenfolge von dem höheren und niedrigeren Hochwasser bzw. Niedrigwasser, siehe Kapitel 2.2.

Drehung Mondknotenlinie im Raum

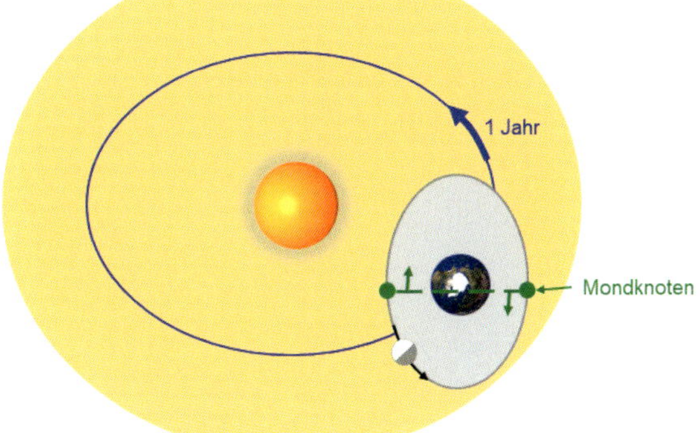

Draufsicht von oben auf den Nordpol der Erde

Fazit

Das laufende komplexe Zusammenspiel der Bewegungen und der Drehungen ändert ständig die Entfernungen und die Winkel des Mondes und der Sonne zur Erde. Die astronomisch bedingten Gegebenheiten setzen sich zusammen aus der Eigenrotation der Erde und fünf weiteren Bewegungen:

1. **Rotation der Erde** (mit Bezug zum Mond)	24 h 50min = 1 Mondtag	Kapitel 2.1 und 2.2
2. **Bewegung des Mondes um die Erde**	1 Monat	Kapitel 2.3
3. **Bewegung der Erde um die Sonne**	1 Jahr	Kapitel 2.4
4. **Drehung der ellipsenförmigen Mondumlaufbahn**	8,85 Jahre	Kapitel 2.5
5. **Drehung der Mondknotenlinie**	18,61 Jahre	Kapitel 2.6
6. **Drehung der ellipsenförmigen Erdumlaufbahn**	~ 20.000 Jahre	in der Praxis nicht relevant

3 Gezeitenwellen und deren Veränderungen

In den folgenden Kapiteln wird nicht auf die Oberflächenwellen (Seegang) und interne Wellen eingegangen, sondern lediglich auf die Wellen, die für das Thema Gezeiten von Bedeutung sind.

3.1 Wasserwellen

Die Annahme, dass sich die Wassermassen eines jeden Wellenberges vorwärtsbewegen, entspricht nicht der Wirklichkeit. Beobachtet man einen schwimmenden Körper auf dem Wasser, stellt man fest, dass dieser sich hin und her sowie auf und ab bewegt. Er beschreibt eine sogenannte Orbitalbahn.

Zu sehen ist nur die Form der Meeresoberfläche, die fortschreitet. **Wellen transportieren** nicht Wasser, sondern **Energie**. Nur in der Bodenschicht und in der Brandungszone wird Wasser hauptsächlich horizontal bewegt.

Kreiswellen.

Längswellen.

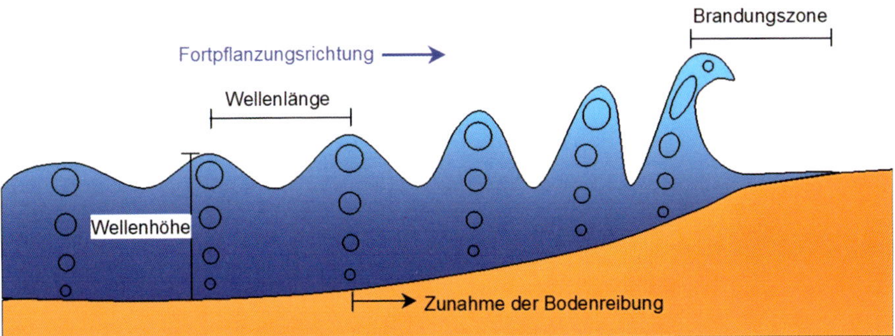

Wellenbewegung.

3.2 Gezeitenwellen

Die Gezeitenwelle gehört in die Kategorie der »ungestörten langen Wellen«, die durch astronomische Gezeitenkräfte angetrieben werden. Jedes Meeresbecken hat seine eigene **feste Frequenz der Eigenschwingung, Reibungsfaktoren** und **Resonanzen**. Obwohl das ganze System der Ozeane gut **miteinander eingeschwungen** ist, reagieren die Meereswellen fortwährend auf die sich ständig ändernden astronomischen Gezeitenkräfte. Diese Störungen, Ablenkungen und Umwandlungen sind anhand der Gezeitenerscheinungen an den Küsten gut zu beobachten.

Wodurch entstehen Wellen, und warum ändern diese Ihre Form?

3.3 Ungestörte lange Wellen (fortschreitende lange Wellen)

Was zeichnen die ungestörten langen Wellen aus?

1.
Die Wellenlänge ist im Verhältnis zur Wassertiefe groß.

2.
Die Fortpflanzungsgeschwindigkeit nimmt mit der Wassertiefe zu.

3.
Die Amplituden der Orbitalbahnen der Wasserteilchen sind in vertikaler Richtung sehr viel kleiner als in horizontaler Richtung.

4.
In Richtung der Fortpflanzung herrschen maximale Ströme im Wellenberg und Wellental.

5.
In den Kenterpunkten 1 und 2 ist der Strom gleich Null (siehe Grafik unten).

6.
Die Wellenbewegung reicht von der Meeresoberfläche bis zum Meeresboden.

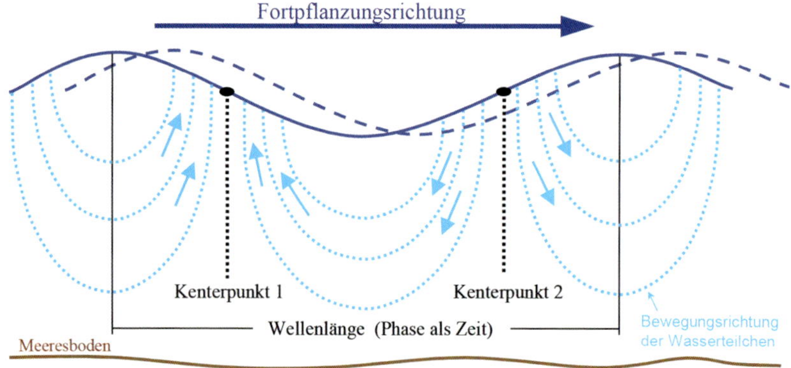

Was können Auslöser zur Entstehung einer ungestörten langen Welle sein?

- *schnelle Luftdruckänderungen*
- *Seebeben (Tsunami = große Welle im Hafen, japanisch)*
- *Unterwasservulkanausbrüche*
- *starke Gewitterböen (Seebären, boeren = heben)*
- *Meteoriteneinschläge*
- *Gezeiten*

Wie lang ist die einlaufende Gezeitenwelle in die Nordsee?

- *ungefähr 1000 km*

Die Fortpflanzungsgeschwindigkeit einer Welle kann folgendermaßen berechnet werden:

$$C = \sqrt{g \times h}$$

C = Fortpflanzungsgeschwindigkeit [m/s]
g = Schwerebeschleunigung 9,81 [m/s2]
h = Wassertiefe [m]

Beispiel:
angenommene Wassertiefe in der *Nordsee 20 m*

$$C = \sqrt{9{,}81 \times 20} = 14[m/s] = 840[m/min] = 50.400[m/h] \approx 50[km/h]$$

3.4 Reflexion von langen Wellen

Wird ein Wasserteilchen durch äußere Einflüsse in Bewegung gesetzt, ist es bestrebt, in seine Ausgangsposition zurückzukehren. Dabei läuft es über seinen Ursprungspunkt hinaus, wodurch eine Schaukelbewegung entsteht.

Was passiert mit dieser Wellenbewegung, wenn es auf ein Hindernis trifft?

Eine lange Welle, die auf eine senkrechte Wand (Hindernis) trifft, wird vollständig reflektiert.
In einem geschlossenen Becken entsteht eine Schaukelbewegung um eine Querachse. Diese wird auch »stehende Welle« genannt. Die Querachse befindet sich in der Mitte des Beckens und heißt Knotenlinie.

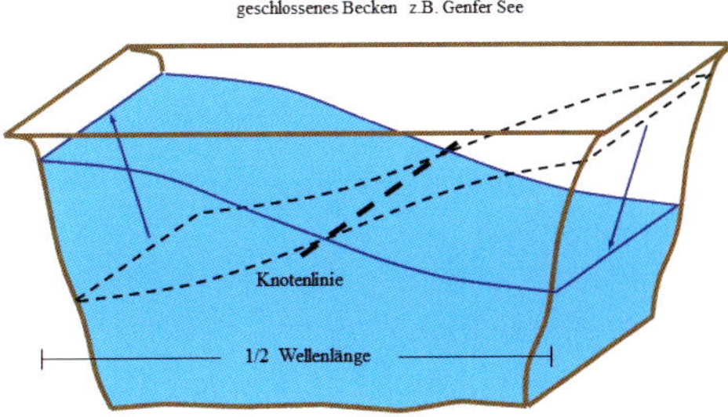

In einem halboffenen Becken wird die Welle nur einmal reflektiert.

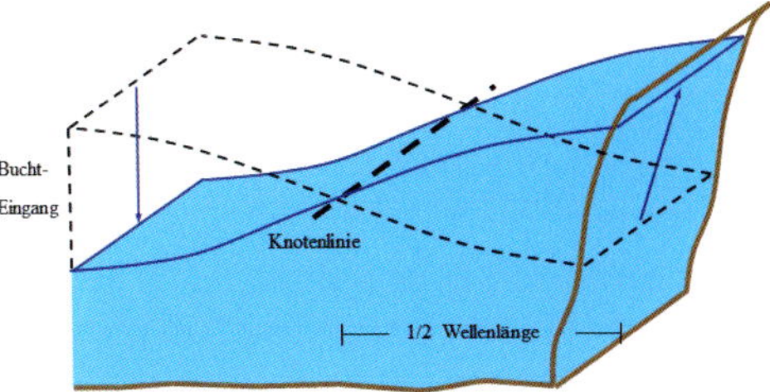

Was passiert mit der Gezeitenwelle aus dem Atlantik?

Die von Schottland kommende Gezeitenwelle wird an der Nordseeküste der Niederlande, Deutschland und Dänemark reflektiert und damit zurückgeworfen oder in eine andere Richtung umgelenkt. Die zurückgeworfene Welle überlagert sich mit der nächsten aus dem Atlantik kommenden Welle (siehe auch die Grafiken im Kapitel 3.6).

Folgende Punkte beschreibt eine stehende Welle:

1.
maximaler Strom im Bereich der Knotenlinie

2.
auf dem Wellenberg und im Wellental ist der Strom gleich Null

3.
keine Wasserstandsänderungen im Bereich der Knotenlinie

4.
selbstständige Schwingungen (unabhängig)

5.
die feste Frequenz der Eigenschwingung ist abhängig von der Form des Beckens

Die Frequenz der Eigenschwingung kann folgendermaßen berechnet werden:

$$T = \frac{2 \times l}{\sqrt{g \times h}}$$

T = Zeit [s], l = Länge [m]
g = Schwerebeschleunigung 9,81 [m/s²]
h = Wassertiefe [m]

Stehende Wellen können als **selbstständige Schwingungen in allen natürlichen Gewässern** auftreten. So wurden 1869 vom Schweizer François-Alphonse Forel diese Schwingungen auf dem Genfer See erkannt und untersucht. Diese Wasserstandsschwankungen werden seit alters her als »**Seiches**« (französisch: Schaukelwellen) bezeichnet. Vermutlich wurde dieser Begriff vom französischen Wort »sèche« (trocken) abgeleitet und beschreibt einen trockenen Uferstreifen. Der Begriff hat sich für die selbstständigen Schwingungen abgeschlossener Gewässer eingebürgert.

Auch meteorologische Ereignisse können eine Seiche auslösen:

- *plötzliche Luftdruckschwankungen*
- *plötzliche Windrichtungsänderungen*
- *plötzliche Windstärkeänderungen*

Die vielen **Buchten**, die **rückseitigen Inselgewässer** und die **Wattgebiete** haben eigene **selbstständige Schwingungen**. Dadurch entstehen spezielle Seiches, die auch als Seichtwassertiden bezeichnet werden. Diese Seiches überlagern sich mit der einlaufenden Gezeitenwelle aus dem Atlantik.
Seiches beschränken sich nicht nur auf Meere, sondern können auch in größeren Binnenseen entstehen.

Ein gutes Beispiel ist auf dem Genfer See zu beobachten: Durch Fallwinde von den Bergen können dort solche Seiches hervorgerufen werden. Am häufigsten treten Schwingungen mit einer Knotenlinie (violette Linie) auf, nur gelegentlich ist auch eine zweiknotige Welle (blaue Linien) zu beobachten. Die Periodendauer der Grundschwingung beträgt etwa 74 Minuten und kann am westlichen Ende des Sees eine beeindruckende Schwingungshöhe von bis zu 1,75 m erreichen.

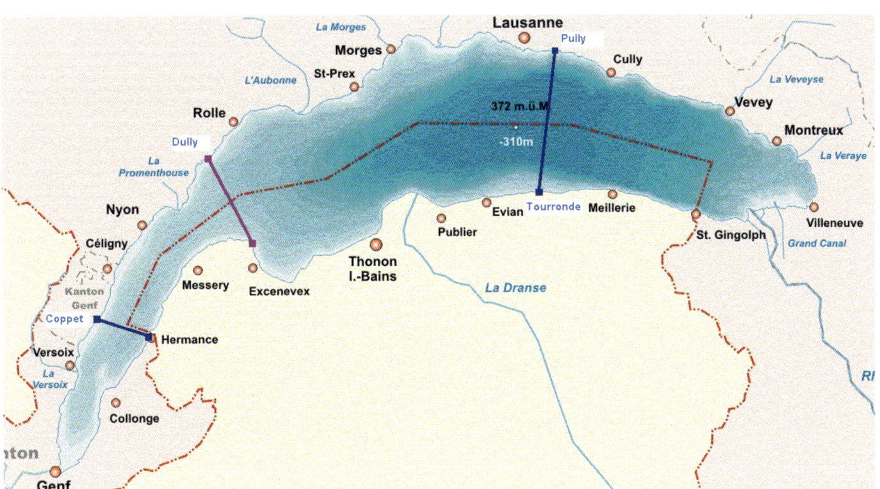

Beim Genfer See würde für die Annahme einer mittleren Wassertiefe h von 153 m und der Länge l vom See von 73 km eine Frequenz von ungefähr 63 Minuten herauskommen.

Beispiel:
mittlere Wassertiefe h: 153 m
Länge l: 73 km

$$T = \frac{2 \times 73000}{\sqrt{9{,}81 \times 153}} = 3768\,[s] : 60\,[min] \approx 63\,[Minuten]$$

(Weil eine mittlere Wassertiefe gewählt wurde, entspricht das Ergebnis nicht den oben erwähnten 74 Minuten.)

3.5 Corioliskraft

Der französische Mathematiker und Physiker Gaspard Gustave de Coriolis (1792-1843) hat im Jahr 1835 nachgewiesen, dass jedes sich bewegende Teilchen auf der Erde durch die Erdrotation abgelenkt wird. Diese **Ablenkungskraft** wurde nach dem Namen von de Coriolis benannt: **Corioliskraft**.

Gaspard Gustave de Coriolis.

Der Corioliseffekt kann mithilfe einer rotierenden Scheibe erklärt werden. Die Außenbereiche bewegen sich mit einer höheren Geschwindigkeit im Kreis als die im Innenbereich. Ein Teilchen (grüner Punkt), das sich vom Außenbereich zum Zentrum hinbewegt, hat eine höhere Rotationsgeschwindigkeit und damit einen Geschwindigkeitsüberschuss gegenüber dem Innenbereich und eilt deswegen voraus. Damit weicht das Teilchen nach rechts ab. Wenn sich ein Teilchen (blauer Punkt) vom Zentrum nach außen bewegt, bleibt dieses gegenüber der schnelleren Außenbereichsrotation zurück und wird ebenfalls nach rechts abgelenkt.

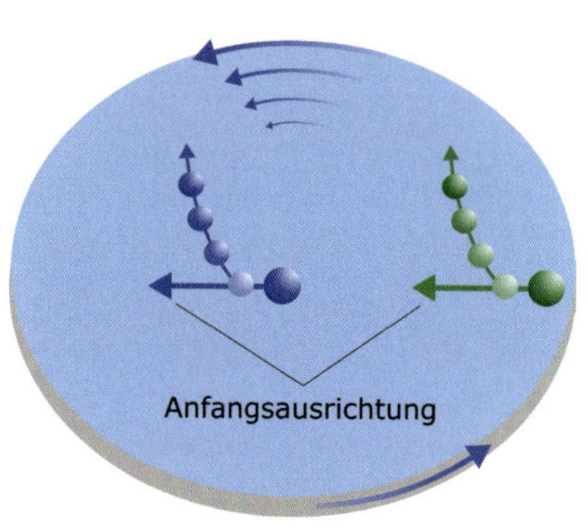

Überträgt man dieses Beispiel auf die Erde, sieht man also aus dem Weltall auf den Nordpol, erkennt man, dass sich die Polregion langsamer als das Äquatorgebiet dreht. Wenn sich auf der Nordhalbkugel ein Teilchen auf der Breite 60° Nord nach Süden bewegt, kommt dieses in Breiten, die sich schneller drehen als die Herkunftsbreite. Das hat zur Folge, dass sich das Teilchen hier langsamer im Kreis bewegt als die Erde unter ihr. Damit »hängt« es hinter der Erde her, und das Teilchen wird scheinbar nach Westen (rechts) abgelenkt. Das Teilchen fliegt natürlich weiterhin eine Gerade, nur für einen Betrachter, der auf dem Startpunkt steht, fliegt das Teilchen scheinbar eine Kurve.

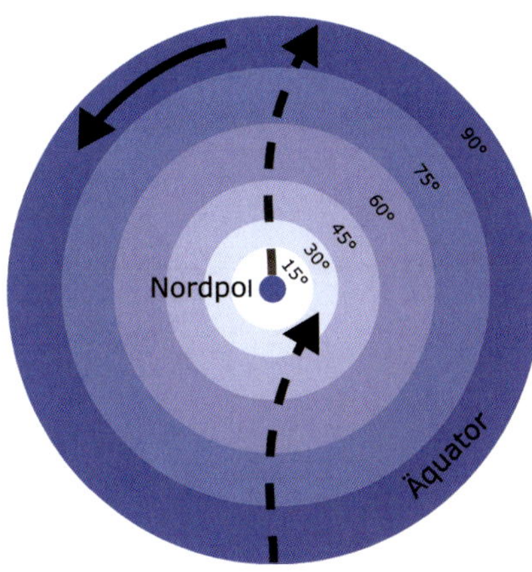

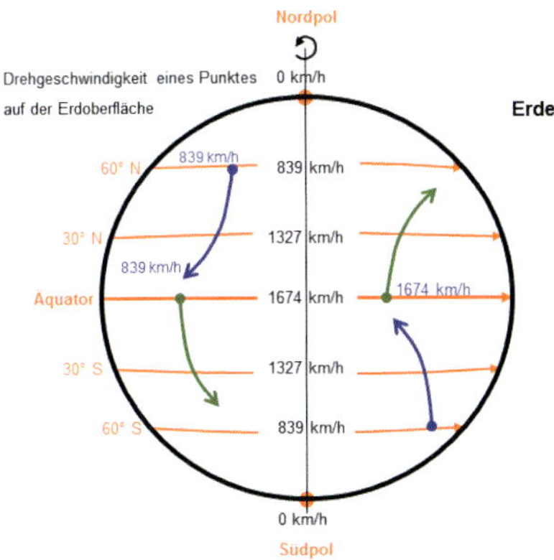

Die Corioliskraft lässt sich wie folgt charakterisieren:

1.

Die Corioliskraft selbst erzeugt keine Bewegung. Nur für den rotierenden Beobachter ergibt sich eine scheinbare Bewegung. Daher wird diese Kraft auch als ***Scheinkraft*** *bezeichnet.*

2.

Ein Teilchen wird auf der Nordhalbkugel in Bewegungsrichtung horizontal nach rechts und auf der Südhalbkugel nach links abgelenkt.

3.

Je schneller sich das Teilchen bewegt, desto stärker ist die Ablenkung.

4.

Die Corioliskraft ist so klein, dass sie sich nur auf großräumige Strömungen nennenswert auswirkt. Nur Wellen mit einer Periode von mehr als einen halben Tag werden beeinflusst.

Welche Bedeutung hat die Corioliskraft auf die Gezeiten?

Die langen ungestörten Wellen (Gezeitenwelle) gehören zu den langperiodischen Wellen und werden daher auf der Nordhalbkugel nach rechts abgelenkt.

3.6 Drehwelle

In einem quadratischen Becken, in dem sich zwei stehende Wellen senkrecht kreuzen, gibt es keine typische Knotenlinie (ortsfest) einer stehenden Welle, sondern nur einen **Knotenpunkt**. Dieser Punkt liegt in der Mitte des Beckens und hat keinen Hub. Das Hochwasser tritt nicht mehr gleichzeitig in der Hälfte des Beckens ein, sondern nur noch auf einer umlaufenden Linie, die vom Knotenpunkt ausgeht.

In breiten Becken sind stehende Wellen sowohl in Längs- als auch in Querrichtung möglich. Durch die Corioliskraft wird zu der Längsschwingung eine Querschwingung erzeugt. Die Überlagerung zweier solcher Schwingungen stellt keine einfache Schaukelbewegung dar, sondern es bildet sich eine **Drehwelle**. Diese Drehwelle wird auch als **Amphidromie** (griechisch: umlaufend) bezeichnet. Auf der Nordhalbkugel sind die Drehwellen stets linksdrehend.

Was geschieht mit der Gezeitenwelle, die aus dem Atlantik kommend in die Nordsee einläuft?

In der Nordsee gibt es drei Drehpunkte. Diese sind deutlich in der Karte »Linien gleichen mittleren Hochwasserzeitunterschiedes« (*Gezeitentafeln*, Gezeitenkarte 1) zu erkennen.

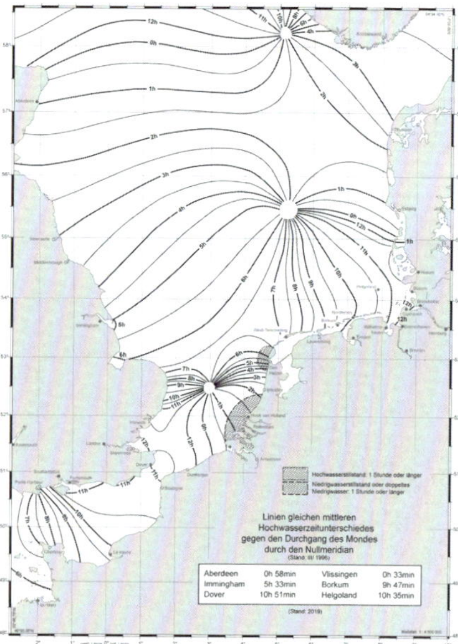

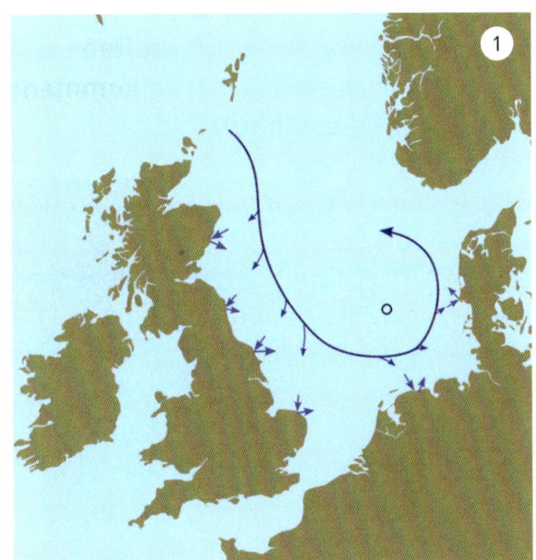

1.
Die von Norden kommende Gezeitenwelle wird auf Ihrem Weg Richtung Süden durch die Corioliskraft nach rechts an die englische Küste gedrängt und reflektiert dort. Es entsteht eine Querschwingung. Durch die Form des Nordseebeckens wird die weiterlaufende Gezeitenwelle Richtung Osten in die Deutsche Bucht umgelenkt. Auch hier findet an der niederländischen, belgischen und deutschen Küste eine Reflexion der stehenden Welle statt. Die so reflektierte Welle, die Querschwingung an der englischen Küste und die Seitenreflektion an der dänischen Küste treffen sich mit der neuen stehenden Welle und überlagern sich. Zusammen mit der Corioliskraft entsteht die Drehwelle in der Deutschen Bucht.

2.
Der Drehpunkt vor der niederländischen Küste erklärt sich mit dem Zusammentreffen der Gezeitenwelle aus dem Norden und der durch den englischen Kanal kommenden Gezeitenwelle.

3.
Der Drehpunkt südlich von Norwegen resultiert aus dem östlichen Teil der einlaufenden Gezeitenwelle und der Reflexion an der dänischen und norwegischen Küste.

3.7 Reibung

Die **Wasserteilchen erfahren eine innere und äußere Reibung**. Bei einer inneren Reibung reiben sich Wasserteilchen untereinander innerhalb der Welle. Die äußere Reibung wird durch die topographische Beschaffenheit, also die **Rauigkeit** des Meeresgrundes beeinflusst. Die Bewegungsenergie wird gebremst, führt zu einer Umformung der Wellen und endet mit dem vollständigen Erlöschen, sofern sie nicht erneut angeregt werden.

Deutlich wird dies am Beispiel des Flusses Warnow. Die Amplitude der stehenden Welle wird nach etwa dreimaligem hin- und herlaufen immer kleiner, bis die Energie ganz abgebaut ist.

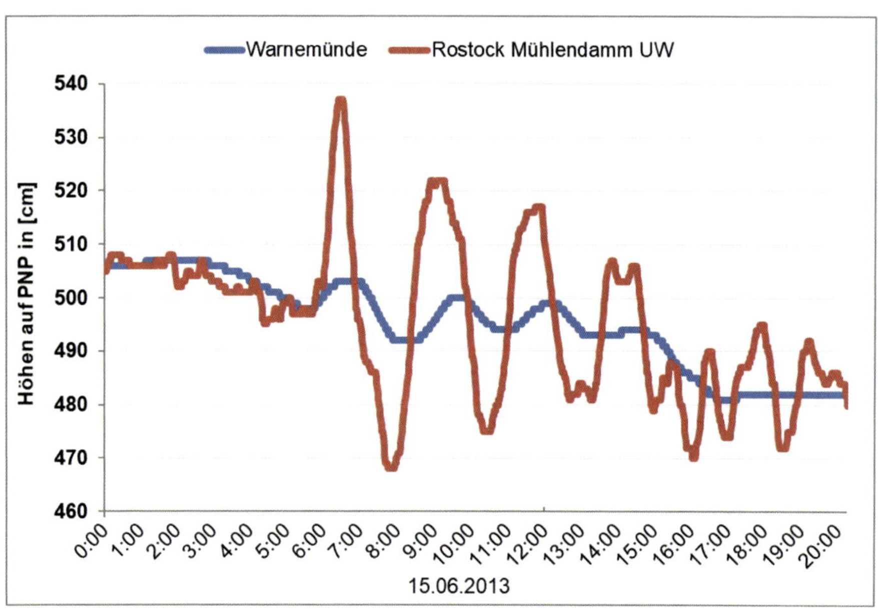

Ein eindrucksvolles und seltenes Naturschauspiel kann man in einigen Flüssen und Buchten beobachten, die sich flussaufwärts trichterförmig und gleichmäßig verjüngen. Durch diese besondere Form des Flusses, einen starken Gegenstrom und die dadurch größer werdende Reibung wird das Wellental stärker abgebremst als der folgende Wellenberg. Das hat zur Folge, dass der Wellenberg das Wellental einholt und sich die Gezeitenwelle sprunghaft zu einer Brandungswelle aufbaut. Man nennt diese Brandungswelle **Sprungwelle** oder englisch **Bore** (das Wort Bore kommt aus dem altnorwegischen bara, was Welle bedeutet). Zu beobachten ist dieses Phänomen bei einigen englischen Flüssen (Severn, Tent), in der Fundy Bay (Kanada) und in der Hang-Tschou-Bucht (China) (siehe Grafik Kapitel 3.1).

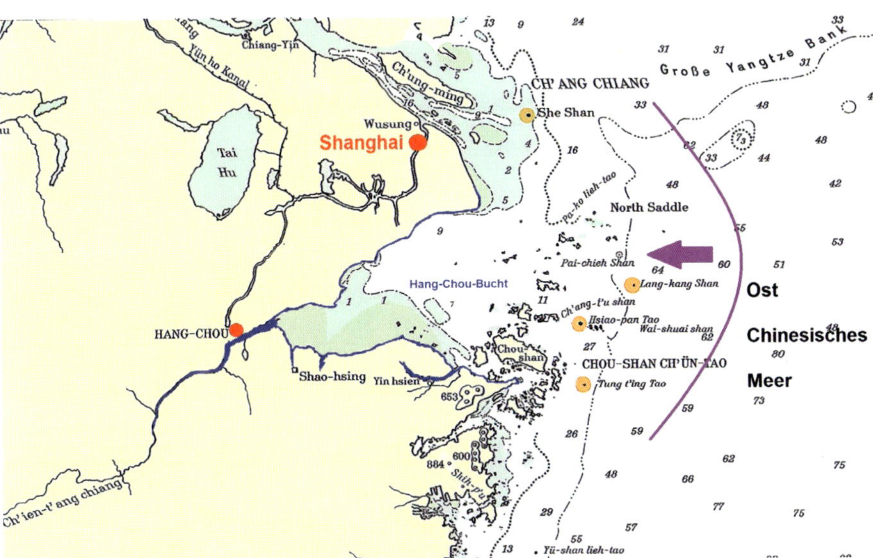

Bore auf dem Tsien-tang-kiang in der Hang-Tschou-Bucht bei Shanghai, River Qiantang.

River Petitcodiac, Moncton, Kanada.

Hang-Tschou-Bucht, River Qiantang.

Die größte Bore gibt es im Fluss Tsien-tang-kiang südlich von Shanghai, mit Höhen von 2,5 bis 5 m (max. 8 m). Die Hauptbrandungswelle ist bereits eine Stunde vorher zu hören. Die anschließende Nachbrandungswelle folgt der ersten Bore fünf Minuten später und kann eine Höhe von etwa 2 m haben. Nach dem Durchgang der Bore steigt der Wasserstand noch 2,5 Stunden weiter an. Dieses Naturschauspiel ist etwa 120 Mal im Jahr zu beobachten. Diese Bore wird in China als der »Silberne Drache« bezeichnet und zieht regelmäßig viele Schaulustige an die Ufer des Qiantang River.

4 Örtliche und regionale Auswirkungen auf die Gezeiten

4.1 Springverspätung

Die Verspätung der Gezeitenwelle wird **Springverspätung** genannt. Die Gezeitenwellen entstehen hauptsächlich in den großen Ozeanen. Wie in Kapitel 3.2 beschrieben, gehören die Gezeitenwellen zu den langen Wellen. Deren Ausbreitungsgeschwindigkeit hängt sehr stark von der Wassertiefe und damit von der Morphologie der Ozeane und Nebenmeere sowie der Landmassenverteilung ab. **Die Springverspätung ist ein Zusammenspiel von astronomischen Ursachen und hydrodynamischen Prozessen des Wassers.** Die Wellen benötigen einige Zeit, um die Nebenmeere und deren Flussgebiete zu erreichen (Laufzeit). Die zu einer Monddurchgangszeit zugeordnete Gezeitenwelle kommt in der deutschen Nordsee mit einer Verzögerung an. Die Springverspätung kann nicht astronomisch berechnet, sondern ausschließlich aus den Wasserstandsbeobachtungen der Pegel abgeleitet werden.

Anwendung der *Gezeitentafeln* und des *Gezeitenkalenders:*
Für die deutsche Nordseeküste beträgt die Springverspätung etwa einen Tag. Das bedeutet in der Praxis, dass die Zeiträume Spring-, Mitt- und Nippzeit auf der astronomischen Zeitachse jeweils um einen Tag nach rechts verschoben werden müssen. Also beginnt z. B. der Springzeitraum nicht einen Tag vor Vollmond, sondern am Tag des Vollmondes (vergleiche auch Kapitel 2.3).
Einfacher ist es, die Tafel 4 (Spring-, Mitt- und Nippzeiten) aus den *Gezeitentafeln* und die Tabelle im *Gezeitenkalender* zu verwenden, um die Spring-, Mitt- oder Nippzeit zu bestimmen. In den Vorausberechnungen der Bezugsorte sind die Springverspätungen bereits berücksichtigt.

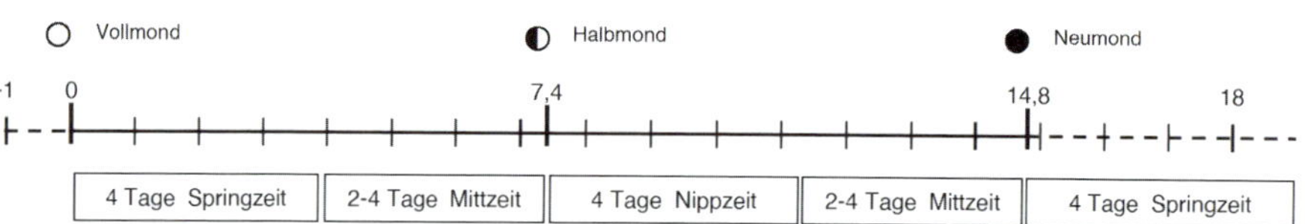

4.2 Beeinflussung der Gezeitenerscheinungen durch das Wetter

Die Bewegung des Wassers wird nicht nur durch die gezeitenerzeugenden Kräfte verursacht, sondern in erheblichem Maß auch durch Wettereinflüsse geprägt. Die **Wettereinflüsse** bewirken Wasserstandserhöhungen oder -erniedrigungen und werden als **Windstau** bezeichnet. Da diese Einflüsse aber nicht für längere Zeit vorausgesagt werden können, finden sie keine Berücksichtigung in den Vorausberechnungen der Gezeitentafeln und des Gezeitenkalenders.

In der Praxis ist es sehr wichtig, die wetterbedingten Einflüsse zu berücksichtigen, da die Hoch- und Niedrigwasser-Zeiten und -Höhen durch z. B. Stürme, langanhaltende Ostwinde, Fernwellen und Oberwasser der Flüsse beträchtlich verschoben werden können.

Folgende Einflüsse gibt es:

Luftdruck:
Der Einfluss des Luftdruckes ist im Allgemeinen geringer als der des Windes. Die Luftdruckschwankungen werden auf den atmosphärischen Luftdruck auf Meereshöhe, also 1013 Millibar, bezogen. Eine Luftdruckänderung von 10 Millibar kann eine Wasserstandsänderung von bis zu 10 cm bewirken. Jedoch fallen Wasserstandserhöhung oder -erniedrigung abhängig von den örtlichen Gegebenheiten unterschiedlich aus.

Durch rasch wandernde Sturmtiefs und daraus bedingte schnelle Luftdruckänderungen entstehen im Nordostatlantik sogenannte **Fernwellen**. Diese Fernwellen nehmen denselben Weg wie die Gezeitenwelle und laufen östlich von Schottland kommend in die deutsche Bucht. Eine Fernwelle benötigt etwa 14-15 Stunden vom Nordseeeingang nach Cuxhaven und kann eine Wasserstanderhöhung von etwa 1 m verursachen.

Windrichtung, Windstärke und Winddauer:
Die Windrichtung und Windstärke beeinflussen die Wasserstände erheblich und zeigen je nach Küstenverlauf unterschiedliche Wirkung. Daneben spielt die Winddauer eine große Rolle, die je nach Örtlichkeit ab 3-6 Stunden eine Wirkung auf die Wasserstände ausübt.
So hat in der trichterförmigen Elbmündung der Westnordwestwind (300°) die stärkste Wirkung, und es können sehr schwere Sturmfluten entstehen. Der Windstau kann im Elbegebiet eine Erhöhung der Wasserstände von mehr als 3,50 m erreichen.

Die folgende Grafik soll einen groben Überblick von Windrichtung und Windstärke auf die Erhöhung oder Erniedrigung bei Cuxhaven zeigen:

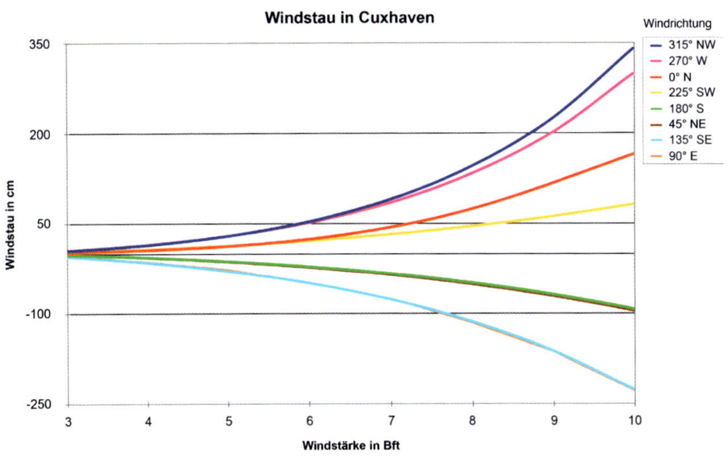

Wasserstandsvorhersage des BSH für die Nordsee und deren Flussgebiete:
Der positive Windstau (Erhöhung) hat Auswirkungen für die Küstenbewohner, die sich vor Sturmfluten schützen müssen. Der negative Windstau (Erniedrigung) behindert die Großschifffahrt, da dann Häfen wie Hamburg nicht angelaufen werden können. Damit sich die Küstenbewohner und die Schifffahrt rechtzeitig auf die meteorologisch »gestörten Gezeiten« einstellen können, wird die Wasserstandsvorhersage für die Nordseeküste und deren Flussgebiete durch das **BSH** viermal täglich an die Verkehrszentralen und täglich über die Medien verbreitet.

Die **Wasserstandsvorhersagen** beziehen sich auf das **mittlere Hochwasser (MHW)** bzw. **mittlere Niedrigwasser (MNW)** und werden ca. 6–18 Stunden vor der Hochwasser- oder Niedrigwasserzeit bekannt gegeben. Die Werte des MHW und MNW für den jeweiligen Ort sind dem *Gezeitenkalender* zu entnehmen.

Die folgenden zwei Grafiken zeigen die Vorausberechnungen für Cuxhaven für das Jahr 2015 und die Wasserstandsbeobachtungen 2015 gemessen am Pegel Cuxhaven Steubenhöft. In der Grafik der Vorausberechnungen sind deutlich die täglichen und monatlichen Ungleichheiten anhand der Höhen zu erkennen, wobei die Hochwasser ausgeprägter sind als die Niedrigwasser. In der Grafik der Wasserstandsbeobachtungen sind die Gezeitenformen trotz der meteorologischen Einflüsse zu erkennen. Die hohen Wasserstände im Januar und November sind wahrscheinlich auf starke Westwinde zurückzuführen.

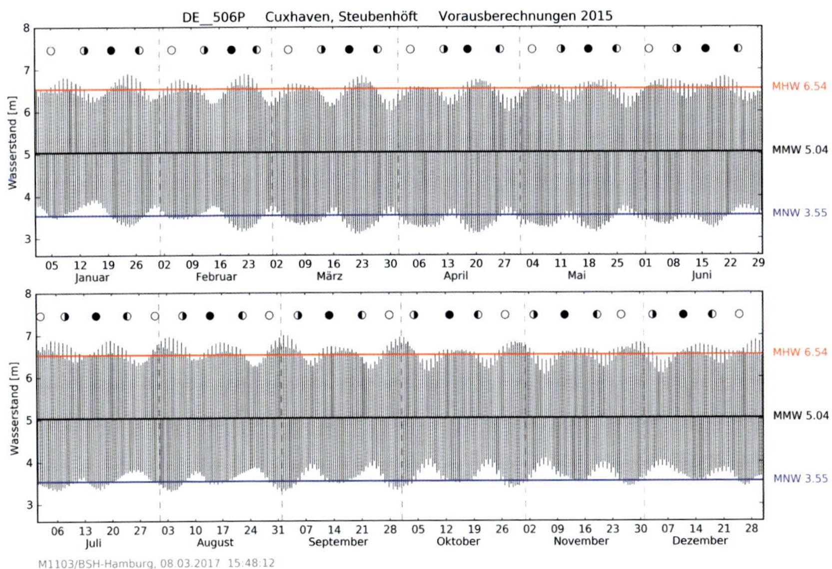
DE__506P Cuxhaven, Steubenhöft Vorausberechnungen 2015
Wasserstand [m]
MHW 6.54
MMW 5.04
MNW 3.55
Januar
Februar
März
April
Mai
Juni
Juli
August
September
Oktober
November
Dezember
M1103/BSH-Hamburg, 08.03.2017 15:48:12

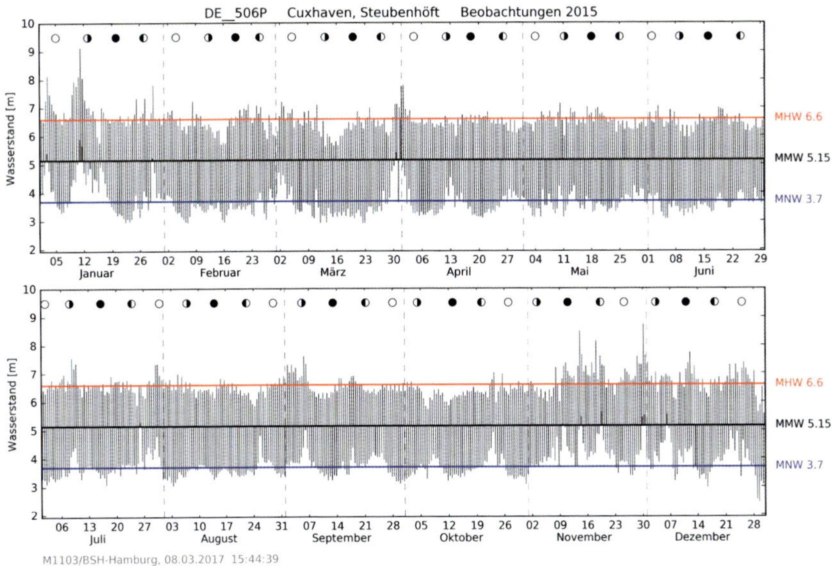
DE__506P Cuxhaven, Steubenhöft Beobachtungen 2015
Wasserstand [m]
MHW 6.6
MMW 5.15
MNW 3.7
Januar
Februar
März
April
Mai
Juni
Juli
August
September
Oktober
November
Dezember
M1103/BSH-Hamburg, 08.03.2017 15:44:39

4.3 Wasserstands- und Pegeldaten im Internet

Alle erfassten Wasserstands- und Pegeldaten können auf folgenden Internetseiten von den zuständigen Bundes- oder Landesbehörden angesehen oder abgerufen werden (Stand Oktober 2023):

Wasserstraßen- und Schifffahrtsverwaltung des Bundes (WSV)
Gewässerkundliches Informationssystem:
www.pegelonline.wsv.de
Elektronischer Wasserstraßen-Informationsservice:
www.elwis.de

Bundesamt für Seeschifffahrt und Hydrographie (BSH)
Wasserstandsvorhersage Nordsee:
www.bsh.de/wasserstand-nordsee
Gezeitendienst:
www.bsh.de/gezeiten

Landesbetrieb für Küstenschutz, Nationalpark und Meeresschutz Schleswig-Holstein (LKN-SH)
Hochwasser- und Sturmflutinformation: *https://hsi-sh.de*

Niedersächsischer Landesbetrieb für Wasserwirtschaft, Küstenschutz und Naturschutz (NLWKN)
Pegeldaten:
www.pegelonline.nlwkn.niedersachsen.de/Start

Hamburg Port Authority (HPA)
HydroOnline, Wasserstände:
https://hydroonline.hpanet.de/tide/table
Startseite, Hamburger Sturmflutwarndienst (WADI):
www.hamburg-port-authority.de

4.4 Besonderheiten in Rand- und Nebenmeeren

In Rand- und Nebenmeeren sind die selbstständigen Gezeiten so klein, dass sie praktisch keine Bedeutung haben. Wäre die Nordsee ein geschlossenes Becken, betrüge der mittlere Tidenhub etwa 2 cm. Nur wenn die Frequenz der Eigenschwingung der »kleinen Meere« etwa der Frequenz der einlaufenden Gezeitenwelle aus dem Ozean entspricht, werden diese zum Mitschwingen angeregt. Hierfür sind die Form der Meeresbecken sowie die Ausdehnung und die unterschiedlichen Tiefen entscheidend. Wie stark sich die Gezeiten in den Rand- und Nebenmeeren ausprägen, wird von der Morphologie bestimmt. Die Gezeitenwelle erfährt auf ansteigendem Meeresboden und/oder trichterförmigen Küstenregionen einen starken Anstieg des Tidenhubes. Zusätzlich können sich durch die Reflektion an den Küsten Überlagerungen von Wellen bilden, was zu einer Verstärkung führen kann.

Karte 6, Linien gleichen mittleren Springtidenhubs.

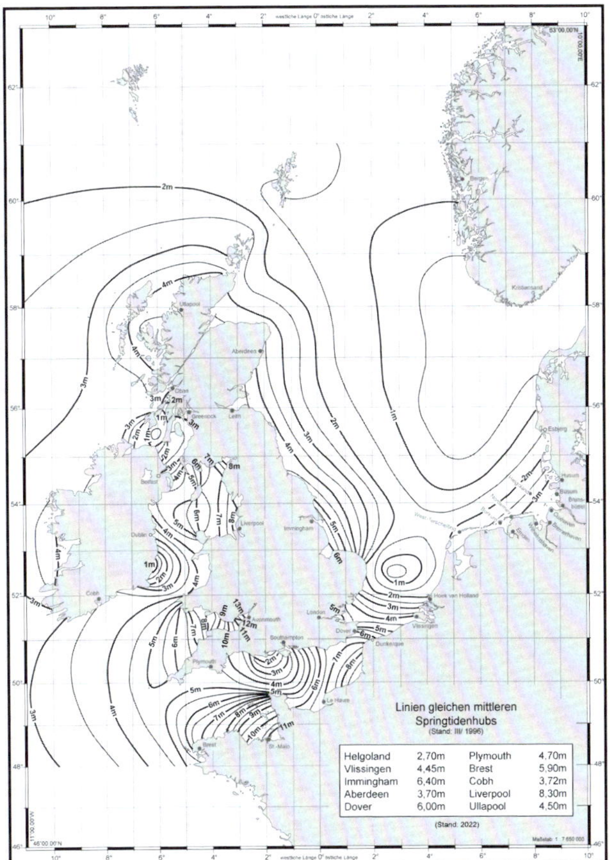

Vereinfacht sind drei Bedingungen für das Mitschwingen der Rand- und Nebenmeere von Bedeutung:

1.
die Größe des Hubes der ozeanischen Gezeiten an ihrem offenen Rand

2.
die Frequenz der einlaufenden Welle und die Eigenschwingungsfrequenz des Nebenmeeres, die durch die Form der Meeresbecken bestimmt wird

3.
der Querschnitt des Zugangs zum offenen Ozean, durch den das Mitschwingen angeregt wird

Ist eine dieser Voraussetzungen nur teilweise gegeben, hat das zur Folge, dass die Mitschwinggezeiten nicht zustande kommen können oder stark reduziert sind.

Einige Beispiele:

Skagerrak:
Wegen des geringen Tidenhubs vor der breiten Öffnung ist ein kräftiges Mitschwingen nicht möglich.

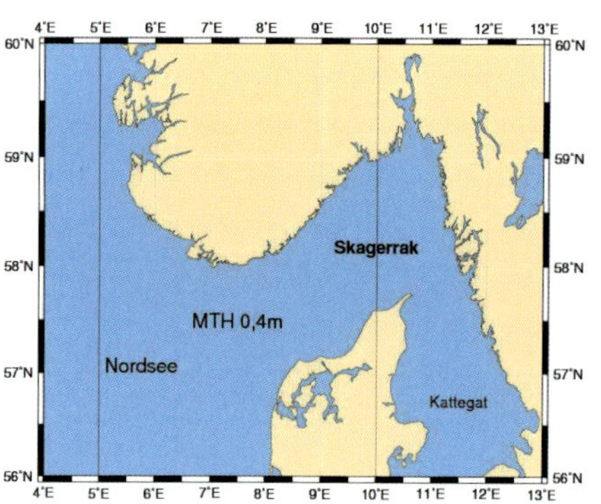

Ostsee:
Hier fehlen gleich zwei Voraussetzungen: Ein kleiner Querschnitt in den Belten und eine geringe Anregung (Tidenhub) verhindern kräftige Gezeitenerscheinungen.

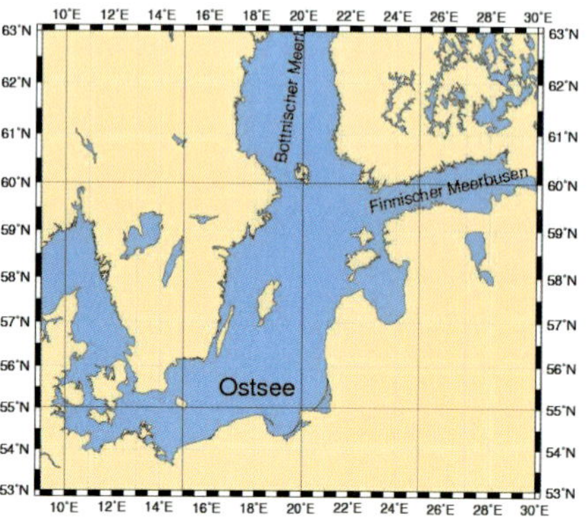

Mittelmeer:
Die Gezeiten im Mittelmeer sind schwach, weil

1.
der Zugang durch die Straße von Gibraltar zu eng ist

2.
das Mittelmeer zu klein ist, um eine eigene starke Gezeitenschwingung hervorzurufen

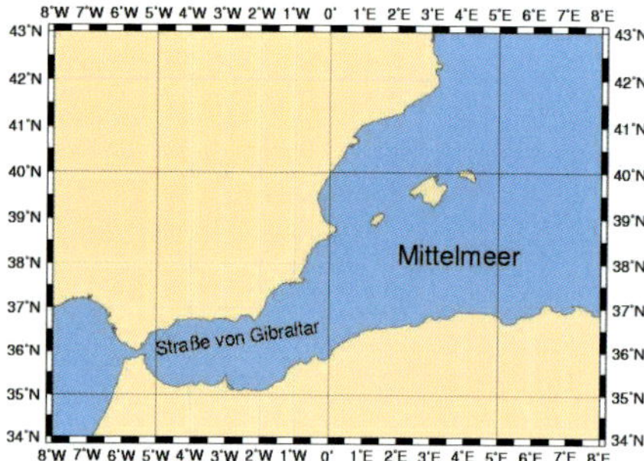

4.5 Auswahl von Orten mit großem mittleren Tidenhub

Wie schon im vorherigen Kapitel beschrieben, nimmt der Tidenhub auf ansteigendem Meeresboden und bei trichterförmigen Küstenumrissen stark zu.
In der folgenden Tabelle sind einige Orte mit sehr großem Tidenhub aufgelistet:

Ort	Gebiet	Land	MSpHW	MSpTH	MSpTH
Hantsport, Avon River	Fundy Bay	Kanada	14,0	13,1	9,7
Port of Bristol, Avonmouth	Bristol Kanal	Großbritannien	13,2	12,2	6,0
St. Malo	Englischer Kanal	Frankreich	12,2	10,7	5,0
Puerto Gallegos, Rio Gallegos	Südspitze	Argentinien	12,0	10,4	5,7
Shale Island, Collier Bay	Nordküste	Australien	11,8	10,6	2,8
Bhavnagar, Gulf of Khambhat	Arabisches Meer	Indien	10,2	8,8	4,8
Incheon, Seoul	Gelbes Meer	Südkorea	8,5	8,1	3,5
Flock Pigeon Island, Broad Sound	Coral Sea	Australien	7,3	6,4	3,0
Elephant Point, Fluss Rangoon	Andaman Sea	Birma	6,6	5,8	2,4
Bremen	Weser	Deutschland	4,9	4,6	3,7
Bremerhaven	Weser	Deutschland	4,7	4,2	3,3
Hamburg	Elbe	Deutschland	4,2	4,1	3,5
Cuxhaven	Elbe	Deutschland	3,7	3,3	2,5

MSpHW = mittleres Springhochwasser [SKN]; MSpTH = mittlerer Springtidenhub; MNpTH = mittlere Nipptidenhub

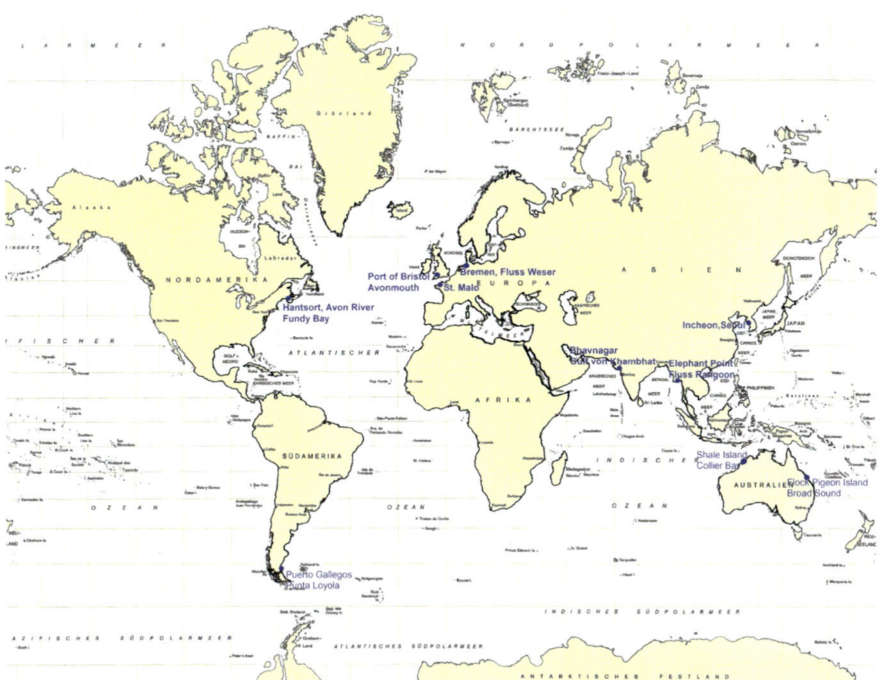

4.6 Resonanzen in Buchten und Flüssen

Im Kapitel 4.4 wurden die Bedingungen für die Gezeitenerscheinungen in Rand- und Nebenmeer erläutert. Die Höhe des Tidenhubs ist unter anderem abhängig von der Morphologie des Meeres. In der obigen Weltkarte sind Orte mit sehr großen Tidenhüben aufgelistet. Auch in den deutschen Flüssen sind Tidenhübe mit mehr als 4,0 m zu beobachten.

In den Ozeanen gibt es ungefähr einen Tidenhub von 0,8 m. Es muss also noch einen zusätzlichen Effekt in Buchten und Flüssen geben, der sehr große Tidenhübe entstehen lässt.

Eine Möglichkeit sind Resonanzen.
Durch Resonanz kann eine Schwingung um das Vielfache verstärkt werden. Stimmt das Eingangssignal mit der Eigenschwingungsfrequenz des Systems (eine Bucht oder ein Fluss) überein oder ist dieses um einen ganzzahligen Bruchteil größer, entsteht eine Verstärkung. Bei günstigen Gegebenheiten können Tidenhübe in Buchten (z. B. Bay of Fundy) mit mehr als 10 m entstehen. Es gibt Vermutungen, dass durch den Ausbau der deutschen Flüsse Elbe, Weser und Ems Resonanzen verstärkt wurden, die ein Ansteigen des Tidenhubs erklären könnten.

4.7 Vergleich von Seekartennullwerten und der Tidenhübe deutscher Bezugsorte

Die Grafik der »mittleren Jahreswerte deutscher Bezugsorte« zeigt die unterschiedlichsten Auswirkungen der örtlichen Form des Meeresbeckens auf die einlaufende Gezeitenwelle aus dem Atlantik. Die Vielfältigkeit der deutschen Nordseeküste spiegelt sich in den unterschiedlichen unterschiedlichen mittleren Springtidenhüben (MSpTH) und mittleren Nipptidenhüben (MNpTH) wider. Weit flussaufwärts in Elbe und Weser sowie in den trichterförmigen Buchten bei Husum, Bremerhaven und Wilhelmshaven sind große Tidenhübe zu finden. In diesen Buchten treten auch die sehr tiefliegenden Niedrigwasser auf. Des Weiteren ist deutlich die mannigfach gewellte Fläche des Seekartennulls (SKN) in dem deutschen Tidengebiet zu sehen.

SKN und Tidenhübe deutscher Bezugsorte. 2022

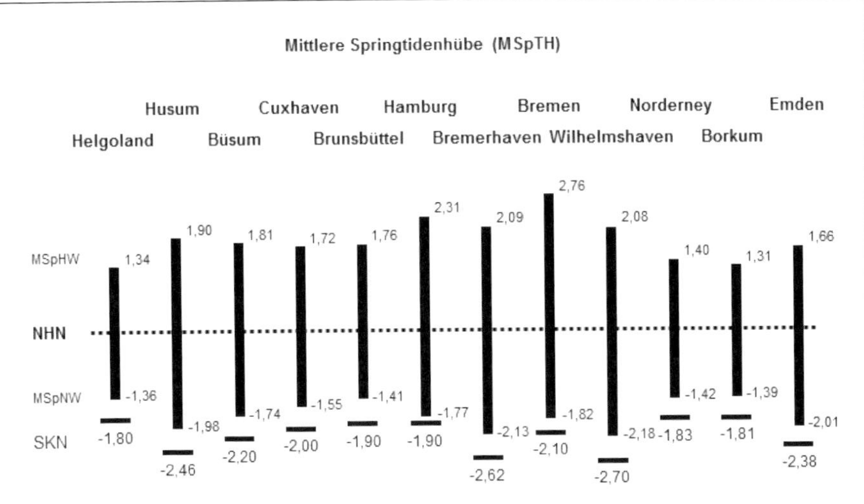

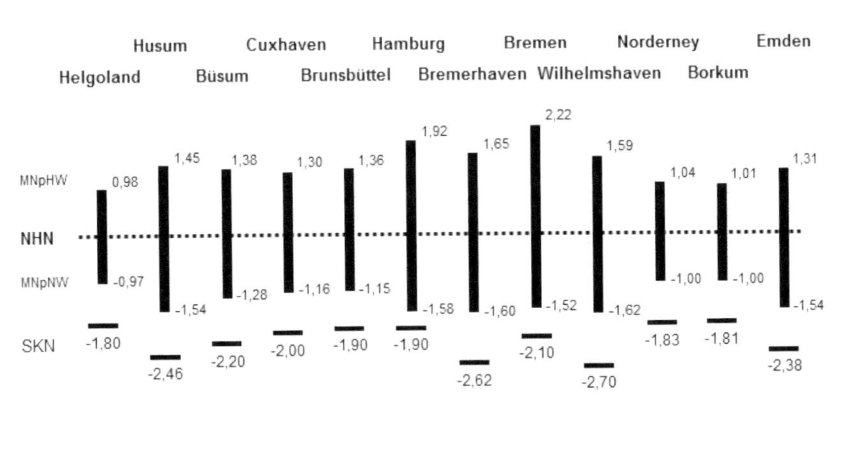

Die Höhen (Meter) sind auf NHN bezogen

Tafel 2 aus den *Gezeitentafeln*.

5 Gezeitenströme

5.1 Allgemeine Beschreibung der Gezeitenströme

Die Gezeitenströme und die Gezeiten sind zwei verschiedene Naturerscheinungen mit derselben Ursache (siehe Kapitel 1.3), jedoch eng miteinander verbunden. Da die Gezeitenströme von den Gezeiten abhängig sind, treten die Ströme im selben Rhythmus halbtägig und/oder eintägig auf. Die Gezeitenströme sind wegen zahlreicher Randbedingungen wesentlich komplizierter als die Gezeiten selbst. Um ein einigermaßen klares Gesamtbild des Stromverlaufs zu bekommen, sind viele Messstellen nötig. Im Gegensatz zu den Pegelbeobachtungen für die Gezeiten müssten in einem dichten Netz Strömungsmesser in verschiedenen Tiefen ausgelegt werden. Dieses ist aus finanziellen und personellen Gründen meistens allerdings nicht möglich.

Heutzutage können mithilfe von hydrodynamisch-numerischen Rechenmodellen Strömungskarten erstellt werden. Trotzdem bleibt ein Rest Unsicherheit und Ungenauigkeit, denn in Küstennähe mit den zahlreichen Inseln, Prielen und Flussmündungen sind die Strömungsverhältnisse nur sehr schwer zu ermitteln.

Wie entstehen die Gezeitenströme?

Die Gezeiten bewirken ein Heben und Senken des Wasserstandes, d. h. auch einzelne Wasserteilchen werden angehoben bzw. abgesenkt. Durch das Anheben entsteht ein Gefälle im Wasser. Aufgrund dessen und der Schwerkraft beginnen nun einige Wasserteilchen bergab zu fließen. Dabei richtet sich die Geschwindigkeit des Fließens nach dem Gefälle.

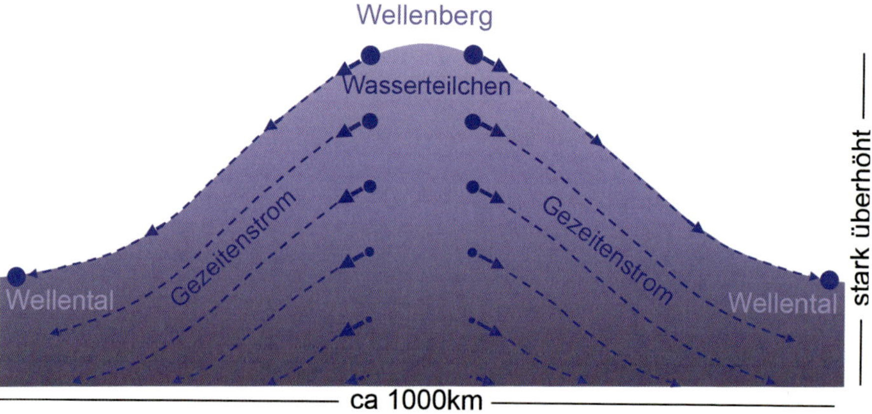

Bewegungsrichtung der Gezeitenströme.

5.2 Gezeitenstromerscheinungen

Was sind die Merkmale von Gezeitenströmungen und deren Veränderungen?

- *Die Gezeitenströme sind in der* ***gesamten Wassersäule*** *zu beobachten, aber mit zunehmender* ***Tiefe*** *nimmt die Geschwindigkeit der Gezeitenströme ab und kann auch vollständig erlöschen.*
- *Äußere Einflüsse verändern die Gezeitenströme sehr stark. Hier spielen die* ***Dichte*** *des Wassers, die* ***Temperaturschichtung****, der* ***Süßwasserzufluss****, die* ***Corioliskraft*** *und die* ***Bodenreibung*** *eine große Rolle. Sie können plötzliche Änderungen der Strömungsgeschwindigkeit und -richtung hervorrufen. Auch die Beschaffenheit der Meeresbecken steuert die Ströme in ihrer Richtung und Geschwindigkeit.*
- *Eine* ***Meeresverengung*** *(z. B. englischer Kanal) bewirkt eine erhebliche Geschwindigkeitssteigerung und eine Ausrichtung der Ströme. In einer Meeresstraße findet man relativ einfache Gezeitenstromverhältnisse, die gut vorhersagbar sind.*
- *Die* ***Wind- und Luftdruckänderungen*** *haben eine wesentlich größere Wirkung auf die Strömungen als die Gezeiten. Winderzeugte Wellen können die Strömungen verstärken oder abschwächen und deren Richtung ändern. Je schwächer der Gezeitenstrom ist, desto größer ist der Windeinfluss.*
- *Im Gegensatz zu den Gezeiten ist die Gezeitenströmung eine horizontale, zweidimensionale Bewegung. Es entstehen* ***»Stromfiguren«****, die von Tag zu Tag ihre Gestalt ändern und sich erst nach etwa einem halben Monat wieder ähneln. Nur in Flüssen und einigen küstennahen Regionen führen die Gezeitenströme eine eindimensionale Bewegung aus.*

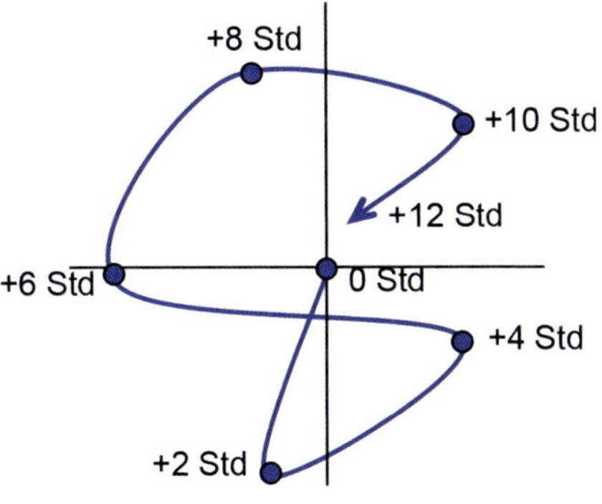

Zweidimensionale Bewegung auf offener See

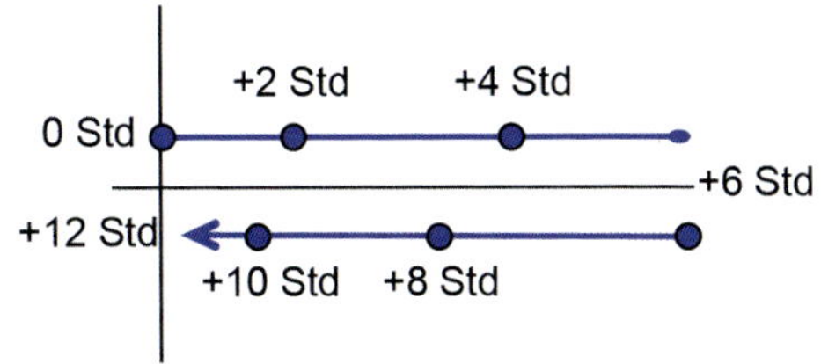

Eindimensionale Bewegung auf Flüssen

- *Der Wechsel von Ebb- auf Flutstrom wird als* ***Kenterpunkt*** *bezeichnet (siehe Grafik unten).*
  Auf der offenen See sind die Gezeitenströme meistens als Drehströme ausgeprägt. Aus diesem Grunde sind keine festen Kenterpunkte zu beobachten, und die Strömungen kommen niemals ganz zum Stillstand (siehe die beiden Grafiken auf der rechten Seite). Die maximalen Geschwindigkeiten treten nahe dem Hoch- bzw. Niedrigwasserzeitpunkt auf.

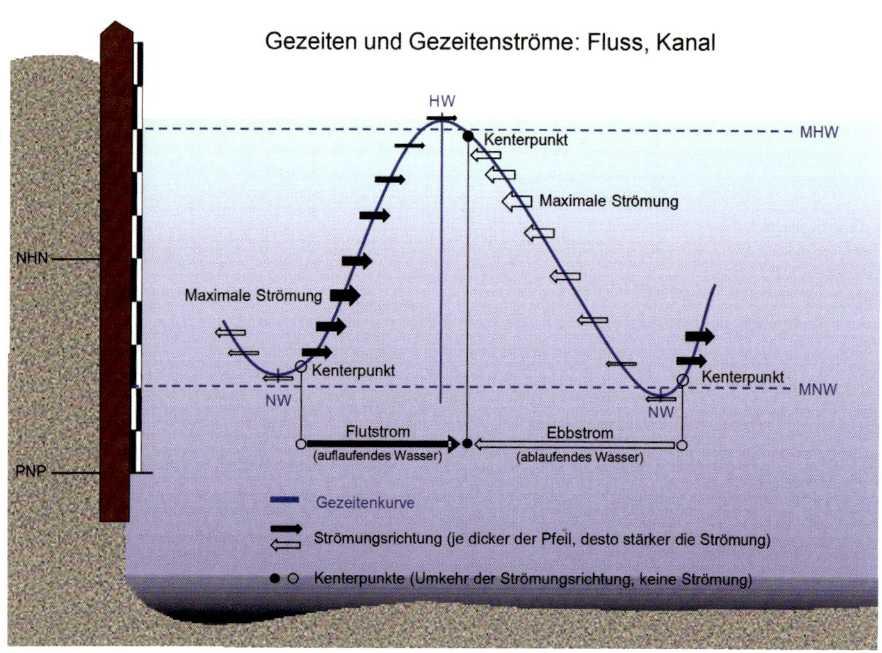

In Küstennähe und insbesondere in Flüssen sind die Kenterpunkte deutlich zu beobachten. Zur Zeit des Kenterns ist oftmals kein Ebb- oder Flutstrom vorhanden. Diese Phase wird als **Stillwasser** oder **Stauwasser** bezeichnet.

Der sprunghafte Anstieg der Strömungsgeschwindigkeiten nach dem Kenterpunkt erreicht die maximale Geschwindigkeit etwa 2-3 Stunden nach dem Hoch- und Niedrigwasser.

Zwei Beispiele von Gezeitenströmen in der offenen See:

Forschungsplattform Fino 1 (nördlich von Borkum)

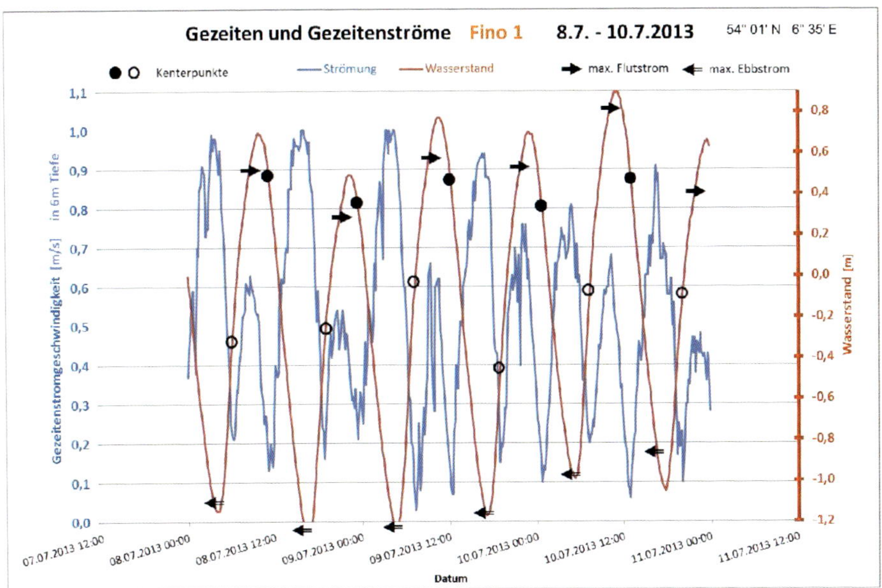

Forschungsplattform Fino 3 (nordwestlich von Sylt)

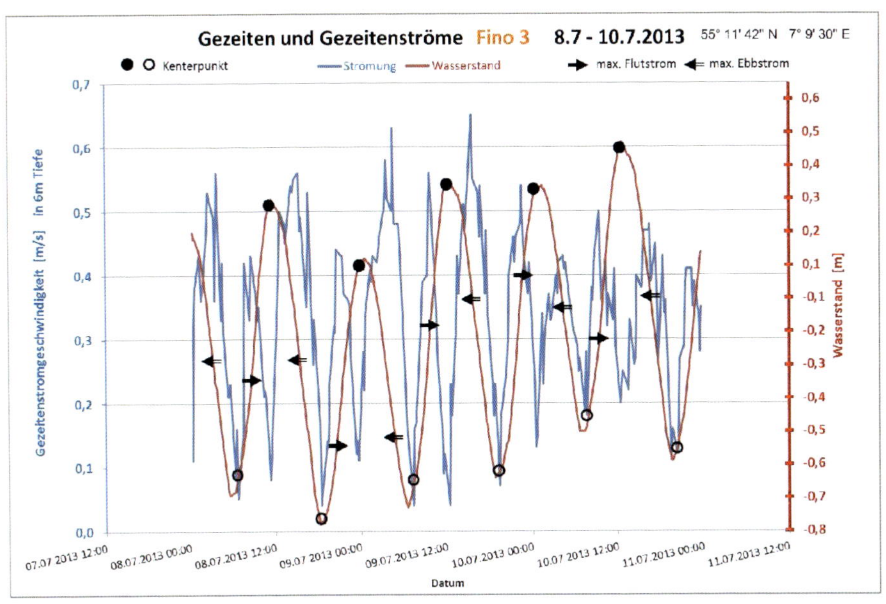

- *Die höchste **Gezeitenstrom-Geschwindigkeit U** und die Eintrittszeit hängen von den Bedingungen des Tidenhubes, der Wassertiefe und der Corioliskraft ab.*

Unter Annahme einfacher Verhältnisse kann aber die Geschwindigkeit folgendermaßen abgeschätzt werden:

$$\boldsymbol{U} \approx \sqrt{\frac{g}{h}} \times A$$

U = Geschwindigkeit [m/s]

g = Schwerebeschleunigung [m/s²]

h = Wassertiefe [m]

A = Tidenstieg oder Tidenfall [m]

Beispiel:

Position südlich vom »Großen Vogelsand Leuchtturm«
Wassertiefe = 9 [m]
mittlerer Tidenhub = 2,9 [m]

$$\boldsymbol{U} \approx \sqrt{\frac{9{,}81}{9}} \times 2{,}9 \approx 3\ [\frac{m}{s}] = 180[m/min] = 10.800[m/Std] \rightarrow \mathbf{11\ [km/Std.]}$$

- *Die Abschätzung der **seitlichen Verschiebung V** oder die seitliche Versetzung eines Schiffes kann mit der folgenden Formel berechnet werden:*

$$\boldsymbol{V} = \frac{t}{\pi} \times U$$

V = seitliche Verschiebung [m]

t = Zeit [s]

U = Geschwindigkeit [m/s]

Beispiel:

Position südlich vom »Großen Vogelsand Leuchtturm«
Gezeitenstrom-Geschwindigkeit = 3 [m/s]
Zeit = 1 [Std.]

$$V = \frac{3600}{3{,}14} \times 3 = 3439[m] \rightarrow 3{,}4\,[km]$$

5.3 Gezeitenströme und die Schifffahrt

Für die Schifffahrt haben die starken Gezeitenströme eine große Bedeutung.

- *Die Beeinflussung der* ***Geschwindigkeit*** *eines Schiffes über Grund und der* ***seitliche Versatz*** *bei der Navigation müssen berücksichtigt werden.*
- *Wenn die Strömung gegen winderzeugte* ***kräftige Oberflächenwellen*** *läuft, werden die Kämme der Wellen spitzer und können zu einer Gefahr für die Kleinschifffahrt werden.*
- *Nur die Zeitspanne des* ***Stillwassers*** *kann für Taucherarbeiten in Flüssen genutzt werden.*
- *Strömt das* ***leichte Oberschicht-Küstenwasser*** *in entgegengesetzter Richtung zum* ***schweren salzhaltigen Bodenwasser****, können gefährliche vertikale Turbulenzen entstehen.*
- *Bedrohlich für die Kleinschifffahrt können auch* ***Malströme*** *werden. Diese entstehen, wenn sich starke Strömungen durch enge Trichter, z. B. Inselgruppen, zwängen müssen und gefährliche Wirbel bilden. Dieses Naturschauspiel kann besonders gut bei den südlichen Lofoteninseln beobachtet werden. Der Malstrom ist hier besonders bei Ebbstrom und westlichen Winden ausgeprägt.*

Turbulenzen an der Brücke Saltstraumen.

Malstrom vor den südlichen Lofoten.

- *Um die genauen Strömungsverhältnisse in bestimmten Seegebieten, Flussmündungen oder Häfen zu erfahren, helfen oftmals die* ***Seehandbücher*** *weiter.*

Schifffahrtsbeschränkungen

Naturschutz
Nationalparks
Schleswig-Holsteinisches Wattenmeer und Hamburgisches Wattenmeer
Befahrregeln und Schutzbestimmungen siehe Abschnitt A 3.3

Fischerei siehe auch Abschnitt A 1.4
Muschelkulturen an Wattkanten
bezeichnete Gebiete außerhalb der Fahrwasser

Naturverhältnisse

Seegang
in der Elbmündung bei stürmischen NW-Winden und auslaufendem Strom schwere Grundseen
auf NW-lichen Teil des Großen Vogelsandes bei stürmischen W- und N-Winden sehr hohe Brandung

Wasserstand und Gezeiten
Wasserstand
bei W- bis NW-Winden Erhöhung um mehr als 4 m über MHW
Erhöhungen ab 2 bis 2,5 m gelten als schwere Sturmfluten
bei O- bis SO-Winden Verringerung bis 3 m unter MHW
bei anhaltenden O-Winden von längerer Dauer
Gezeiten
bis zur Staustufe Geesthacht oberhalb Hamburgs spürbar
Dämpfung der Gezeiten bei starker Eisbildung

Gezeitenströme
stündliche Werte siehe
Der küstennahe Gezeitenstrom in der Deutschen Bucht (BSH Nr. 2348)
Elbmündung
einlaufender Strom in SO-licher Richtung bei Scharhörn bis über 5 sm/h
an S-Seite des Fahrwassers stärker als an N-Seite
auslaufender Strom in WNW- bis NW-licher Richtung bei Scharhörn bis über 4 sm/h
setzt anfangs N-lich gegen S-Kante des Großen Vogelsandes
läuft nach Trockenfallen des Großen Vogelsandes zwischen Scharhörn und Großen Vogelsand nach außen
starke Winde beeinflussen Dauer, Richtung und Geschwindigkeit
Einfluss durch Wind von 6 Bft und mehr bei Leuchttonne Elbe, siehe Tabelle
Unterschiede gegenüber mittleren Werten

Windrichtung	Einlaufender Strom			Auslaufender Strom		
	Unterschied			Unterschied		
	Dauer [h:min]	Richtung [°]	Geschwindigkeit [sm/h]	Dauer [h:min]	Richtung [°]	Geschwindigkeit [sm/h]
N	–00:15	+010	gering	+00:15	–010	gering
NO	–00:30	+010	gering	+00:15	–010	+0,2
O	–00:30	gering	–1	+00:30	gering	+0,3
SO	–00:15	gering	–0,5	+00:15	gering	+0,2
S	+01:15	gering	gering	gering	gering	gering
SW–W	+01:15	gering	+0,5	gering	+010	–0,4
NW	+00:30	+000	+0,5	–00:30	gering	–0,8

vor Cuxhaven
einlaufender Strom
Beginn eine Stunde 30 Minuten nach Eintritt des örtlichen NW
Zeitunterschied verringert sich bis Hamburg auf 15 Minuten
am stärksten an N-Seite des Fahrwassers
bei starken W-Winden Geschwindigkeitserhöhung bis 1 sm/h

- *Für ein großräumigeres Gebiet wird für die Deutsche Bucht der Atlas* ***»Der Küstennahe Gezeitenstrom in der deutschen Bucht«*** *(Nr. 2348 von 2017) vom BSH herausgegeben. Die Gezeitenströme beziehen sich auf das Hochwasser von Helgoland. Die Pfeile deuten die Richtung und Stärke der Ströme an. Für die Zeit jeweils voller Stunden vor bzw. nach dem Hochwasser werden in einzelnen Karten die Reviere dargestellt.*

Hydrodynamisch-numerische Modellergebnisse:

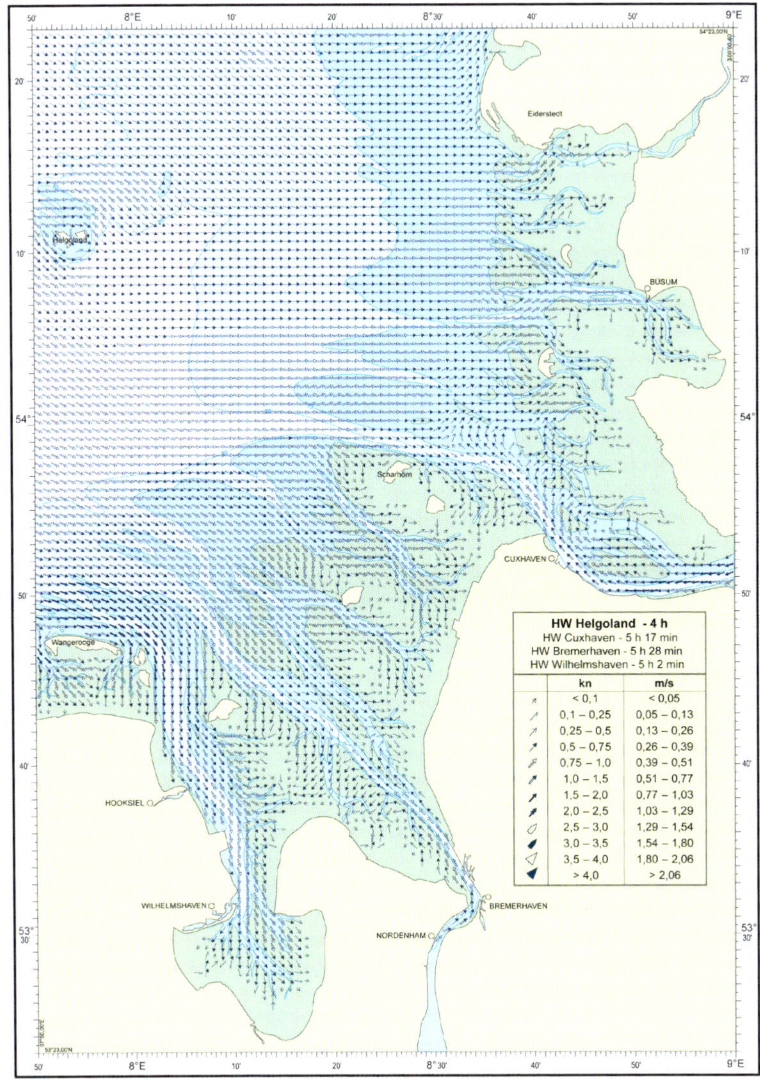

6 Begriffe und Abkürzungen aus der Gezeitenkunde

6.1 Erläuterungen der Gezeitengrundwerte und sonstiger Begriffe

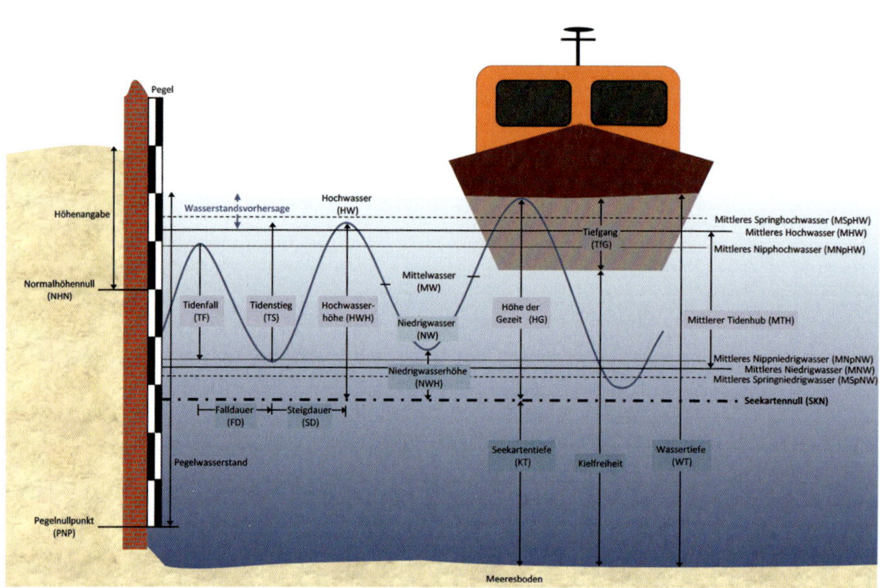

Nachfolgend werden die wichtigsten Abkürzungen und Bezeichnungen aus der Gezeitenkunde erklärt:

Hinter jedem Begriff, wie z. B. SpHW, steht ein einzelner Wert. Wenn vor dem Begriff das Wort »mittleres, mittlerer, bzw. M« hinzugefügt wird, sind die Werte das arithmetische Mittel aus einer längeren Zeitreihe.

Tide

Eine Tide bezeichnet den Gezeitenverlauf von einem Niedrigwasser zum nächsten Niedrigwasser (Tidenstieg, Tidenfall).

Zeiten

FD	**Falldauer**	Zeitraum von einem Hochwasser bis zum Eintritt des folgenden Niedrigwassers.
SD	**Steigdauer**	Zeitraum von einem Niedrigwasser bis zum Eintritt des folgenden Hochwassers.

Höhen

HW	**Hochwasser**	höchster Wasserstand einer Tide
NW	**Niedrigwasser**	niedrigster Wasserstand einer Tide
SpHW	**Springhochwasser**	Hochwasser zur Springzeit › hohe Hochwasser
NpHW	**Nipphochwasser**	Hochwasser zur Nippzeit › niedrige Hochwasser
SpNW	**Springniedrigwasser**	Niedrigwasser zur Springzeit › niedrige Niedrigwasser
NpNW	**Nippniedrigwasser**	Niedrigwasser zur Nippzeit › hohe Niedrigwasser
SpTH	**Springtidenhub**	Differenz zwischen dem SpHW und dem SpNW
NpTH	**Nipptidenhub**	Differenz zwischen dem NpHW und dem NpNW
HG	**Höhe der Gezeit**	beliebige Höhe einer Tide
TF	**Tidenfall**	Unterschied zwischen einem Hochwasserstand und dem folgenden Niedrigwasserstand.
TS	**Tidenstieg**	Unterschied zwischen einem Niedrigwasserstand und dem folgenden Hochwasserstand.
	Tidenhub	arithmetisches Mittel aus dem Tidenstieg (TS) und dem nachfolgenden Tidenfall (TF).

Sonstige Begriffe

TfG	**Tiefgang**	Tiefgang eines Schiffes
KT	**Seekartentiefe**	Tiefenangabe in der Seekarte
WT	**Wassertiefe**	Wassertiefe von der Wasseroberfläche bis zum Grund
	Wasserstands-vorhersage	meteorologische Wasserstandserhöhungen oder -erniedrigungen bezogen auf das MHW oder MNW

6.2 Bezugsflächen

Die Gezeiten- und Wasserstandshöhen können auf unterschiedliche Bezugshöhen bezogen werden. Die Wahl der Bezugshöhe ist abhängig vom Verwendungszweck.

SKN
Seekartennull
Nullfläche, auf die sich die Tiefenangaben in einer **Seekarte** und die Höhe der Gezeit in den *Gezeitentafeln* beziehen. Das Seekartennull wird für gewöhnlich so tief festgelegt, dass die verfügbaren Wassertiefen nur ausnahmsweise, nämlich bei einem gelegentlich besonders niedrigen Niedrigwasser, unterschritten werden.
Nordsee:
Die Festsetzung des Seekartennulls in Gezeitengebieten dient der Sicherheit der Schifffahrt in flachen Gewässern. Aufgrund der unterschiedlichen Größe des Tidenhubs treten die Niedrigwasser an den einzelnen Orten eines Seegebiets verschieden tief ein. Somit variiert das SKN von Ort zu Ort, d. h., dass das Seekartennull keine ebene, sondern eine mannigfach gewellte Fläche ist (siehe Kapitel 4.7, mittlere Jahreswerte deutscher Bezugsorte).
Bis Ende Dezember 2004 wurde der MSpNW-Wert als Grundlage zur Festlegung des SKN verwendet. Seit Januar 2005 wird der **niedrigste Gezeitenwasserstand NGzW** (**LAT**, Lowest Astronomical Tide) zur Festlegung des SKN zugrunde gelegt. Aus 19 Jahren Vorausberechnungen wird der niedrigste Wert herausgesucht und als NGzW definiert. Das SKN entspricht etwa dem NGzW-Wert. Dies gilt nicht in Flüssen und Nebenflüssen.
Ostsee:
Das Seekartennull in der Ostsee entspricht etwa dem mittleren Wasserstand.

PNP
Pegelnullpunkt
ist der Nullpunkt eines **Pegels**.
Beim erstmaligen Aufstellen eines Pegels wird der Pegelnullpunkt so festgelegt, dass keine negativen Wasserstände auftreten. Damit haben die Höhen immer ein gleiches Vorzeichen. Laut Pegelvorschrift (Stammtext) wird das Pegelnull bei Pegeln im Nordseeküstengebiet und in den tidebeeinflussten Flüssen auf 5 m unter NHN festgelegt.

NHN
Normalhöhennull
ist die Nullfläche, auf die sich die Höhenangaben von Bodenerhebungen in einer **Landkarte** beziehen.
Im 17. Jahrhundert wurde durch den Magistrat der Stadt Amsterdam ein Ausgangspunkt für die nationale Höhenmessung festgelegt, welcher der **durchschnittlichen Sommer-Hochwasserlinie der Zuiderzee** entsprach. Im Jahre 1818 wurde dieser Amsterdamer Pegel als Standard für das ganze Land festgelegt und später auch als Bezugspunkt in verschiedenen Nachbarländern übernommen, unter anderem 1879 in Deutschland. Hierfür wurde ein Feinnivellement durchgeführt, wobei das Normalnull vom Amsterdamer Pegel zur alten Berliner Sternwarte mit einer Genauigkeit von 1 dm übertragen wurde. Der heutige Normal-Höhenpunkt des deutschen Haupthöhennetzes ist in Wallenhorst bei Osnabrück zu fin-

den. Aufgrund des Meeresspiegelanstieges der letzten 300 Jahre stimmt das Normalhöhennull allerdings nicht mehr mit dem mittleren Hochwasser überein. Heute liegt das **Normalhöhennull** etwa beim **mittleren Meeresspiegel.**

Die Wasserstandsbeobachtungen werden je nach dem Verwendungszweck auf unterschiedliche Bezugsflächen bezogen. Das Gleiche gilt auch für die Gezeiten-Vorausberechnungen.

Die folgende Grafik zeigt die verschiedenen Möglichkeiten auf:

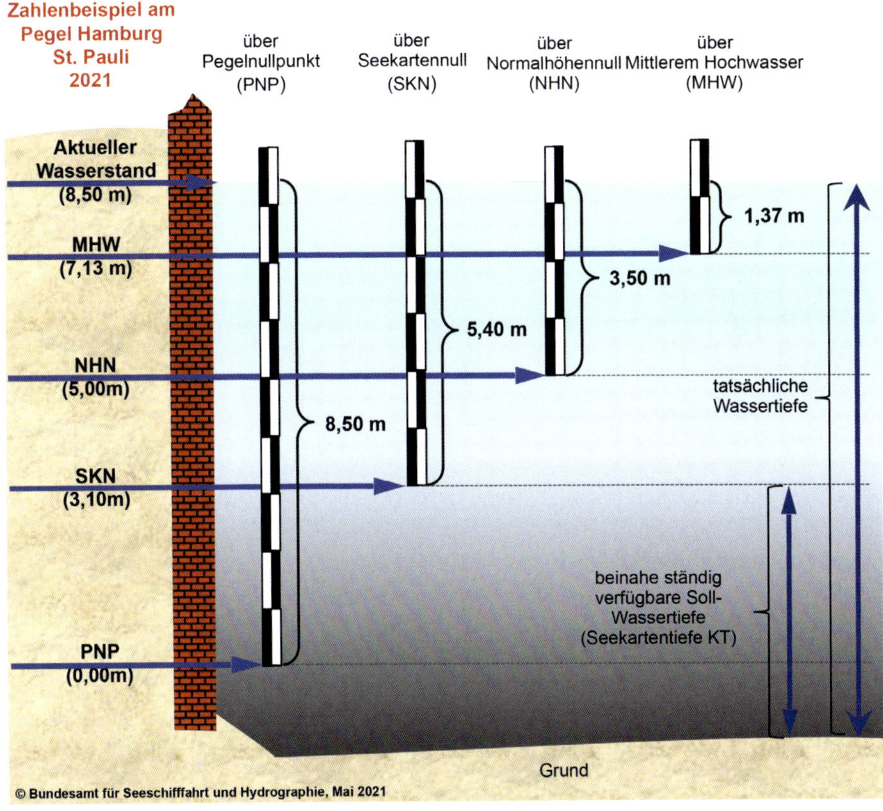

6.3 Unterschiedliche Zeitangaben

Zeitzonen

Die Erde ist in **24 Streifen** (Zeitzonen) aufgeteilt. Jede Zeitzone ist 15° breit, wobei die Längengrade 0, 15, 30, 45 usw. jeweils als Mittelmeridian dienen. Der Nullmeridian (Greenwich) ist somit der Mittelmeridian der Zeitzone Null, die den Bereich 7°30' West bis 7°30' Ost abdeckt. Bei einem Zeitzonenwechsel müssen daher Richtung Osten entsprechende Stunden addiert (positiv) oder Richtung Westen subtrahiert (negativ) werden.

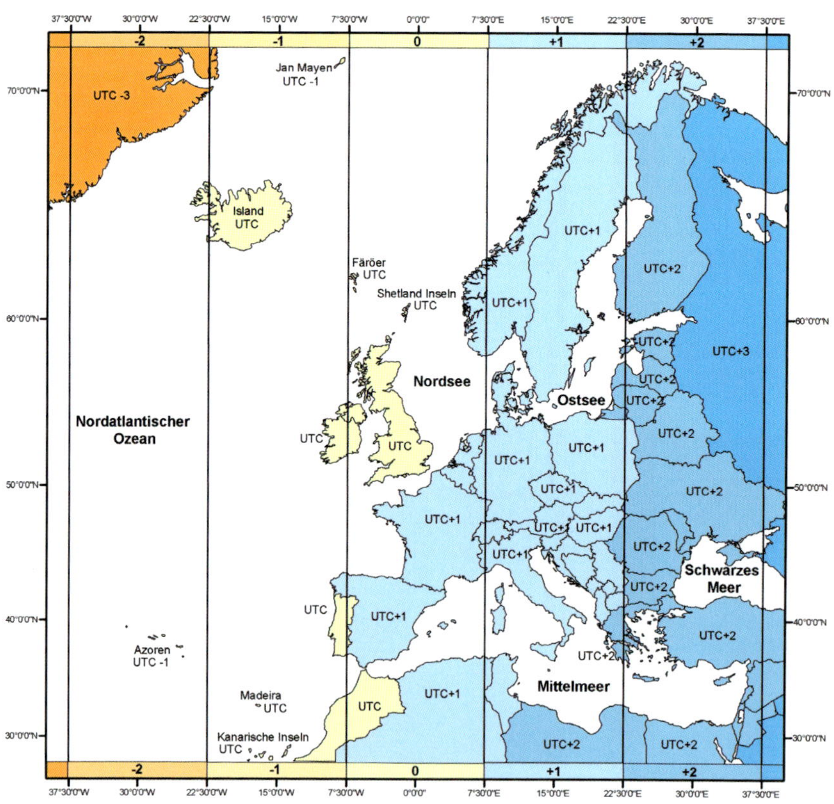

Gesetzliche Zeit

Die gesetzliche Zeit soll für den amtlichen und geschäftlichen Verkehr eines Landes angewendet werden und wird oft als bürgerliche Zeit bezeichnet. Das deutsche Zeitgesetz legt die mitteleuropäische Zeit MEZ und die mitteleuropäische Sommerzeit MESZ als gesetzliche Zeit fest. Die internationale Zeit wird in der koordinierten Weltzeitskala UTC ausgedrückt. Die **Weltzeit** wurde 1884 auf den Meridian von Greenwich auf die mittlere Sonnenzeit festgelegt und als Grundlage der Zeitzonen eingeführt.

UTC

Koordinierte Weltzeitskala (Universal Time Coordinated)

MEZ

Mitteleuropäische Zeit oder gleich UTC+1h00min

MESZ

Mitteleuropäische Sommerzeit oder gleich UTC + 2h00 min

Hafenzeit

Die **mittlere Eintrittszeit des Hochwassers** an den verschiedenen Orten wird von der Phase der halbtägigen Hauptmondtide M2 bestimmt und als Hafenzeit bezeichnet. Hierbei handelt es sich also um die Zeit, die zwischen dem Durchgang des Mondes durch den Nullmeridian (Greenwich) und dem Eintritt des folgenden Hochwassers vergeht.

Ortszeit
Die genaue **örtliche Längengradposition** eines Ortes bestimmt die Ortszeit und wird durch den Zeitunterschied zum Ortsmeridian Greenwich (Nullmeridian) berechnet.

$$\textbf{Ortszeit}\ [Std.dez] = Greenwich\ Uhrzeit\ [Std.dez] + \frac{24[Std]}{360°} \times Ortslängengrad\ [Grad.dez]$$

(Zur Umrechnung von Std. Min. in Std.dez siehe Kapitel 9.)

Beispiel:
Wie ist die Ortszeit in Cuxhaven, wenn es in London 14:30 Uhr ist?
Längengrad von Cuxhaven 8° 43'E

$$\textbf{Ortszeit} = 14{,}5 + \frac{24}{360} \times 8{,}72 = 15{,}08[Std] \rightarrow \mathbf{15{:}05}\ [Std\ Min]$$

Verwendung der Zeitzonenangabe in den deutschen *Gezeitentafeln*:
Das Prinzip in den deutschen *Gezeitentafeln* wird in folgender Tabelle dargestellt.
Vom Ausgangspunkt **Greenwich** (Nullmeridian) betrachtet wird die Zeitzone Richtung Osten als positiv und Richtung Westen als negativ bezeichnet. Auch von jedem anderen Standort ist das entsprechende Vorzeichen bei der Berechnung zu beachten.

UTC-4	UTC-3	UTC-2	UTC-1	UTC	UTC+1	UTC+2	UTC+3	UTC+4
11:00	12:00	13:00	14:00	15:00	16:00	17:00	18:00	19:00
67,5°W – 52,5°W	52,5°W – 37,5°W	37,5°W – 22,5°W	22,5°W – 7,5°W	7,5°W – 7,5°O	7,5°O – 22,5°O	22,5°O – 37,5°O	37,5°O – 52,5°O	52,5°O – 67,5°O

Umrechnungsbeispiele:
Azoren: 14:00 Uhr — ← **London: 15:00 Uhr** → + **Hamburg: 16:00 Uhr**
UTC - 1h:00min **UTC** **UTC + 1h:00min**

Verwendung der Zeitzonenangabe in den englischen Gezeitentafeln, ATT:
In den englischen *Gezeitentafeln* wird die Zeitzonenbezeichnung folgendermaßen angewendet.
Vom **aktuellen Standort** aus betrachtet, werden Richtung Greenwich (Nullmeridian) die östlichen Zeitzonen als negativ und die westlichen Zeitzonen als positiv bezeichnet.

UTC+4	UTC+3	UTC+2	UTC+1	UTC	UTC–1	UTC–2	UTC–3	UTC–4
11:00	12:00	13:00	14:00	15:00	16:00	17:00	18:00	19:00
67,5°W – 52,5°W	52,5°W – 37,5°W	37,5°W – 22,5°W	22,5°W – 7,5°W	7,5°W – 7,5°O	7,5°O – 22,5°O	22,5°O – 37,5°O	37,5°O – 52,5°O	52,5°O – 67,5°O

Umrechnungsbeispiele:

London: 15:00 Uhr UTC —← Hamburg: 16:00 Uhr UTC - 1h:00min —← Athen: 17:00 Uhr UTC - 2h:00min

Grönland: 12:00 Uhr UTC + 3h:00min → + Azoren: 14:00 Uhr UTC + 1h:00min → + London: 15:00 Uhr UTC

6.4 Unterschied zwischen BSH- und WSV-Begriffen

Wasserstandsbeobachtungen werden für die unterschiedlichsten Zwecke registriert und ausgewertet. Das BSH analysiert fünf Jahre Wasserstandsdaten, um die Gezeitenanteile zu erhalten. Aus diesen Ergebnissen werden die jährlichen Vorausberechnungen und Gezeitengrundwerte für die Gezeitentafeln berechnet. Dagegen benötigen Wasserbauer die Extremwerte aus einjährigen Wasserstandesbeobachtungen für die Planung von Bauwerken wie Kaianlagen und Hochwasserschutzanlagen oder für die Steuerung von Betriebsanlagen.

In der **Gezeitenkunde (BSH)** werden die Begriffe **mittleres Hochwasser (MHW)** bzw. **mittleres Niedrigwasser (MNW)** verwendet, dagegen benutzt die **Gewässerkunde (WSV)** die Begriffe **mittleres Tidehochwasser (MThw)** bzw. **mittleres Tideniedrigwasser (MTnw)**. Beide Begrifflichkeiten beschreiben die mittlere Höhe des Hoch- bzw. Niedrigwassers. Aufgrund der unterschiedlichen Verwendungen gibt es zwei Methoden, um diese Werte zu berechnen. In der folgenden Tabelle sind die Unterschiede gegenübergestellt:

Begriff
Zeitraum
Beobachtungsreihe
Berechnung
Verwendungszweck
Besonderheiten
Veröffentlichung

BSH: Gezeitengrundwerte	WSV: Gewässerkundliche Hauptwerte
MHW = mittleres Hochwasser MNW = mittleres Niedrigwasser	MThw = mittleres Tidehochwasser MTnw = mittleres Tideniedrigwasser
5 Kalenderjahre (Januar-Dezember)	1 Abflussjahr (November-Oktober)
Die Daten werden gefiltert: 3-fache Standardabweichung, Zeiten und Höhen; Daten mit WSA-Kennzeichnung 1 entfallen	Die Daten werden nicht gefiltert: Es werden alle Daten verwendet
MHW = aus abgeleitetem mittleren Hochwasserstand MNW = aus abgeleitetem mittleren Niedrigwasserstand	MThw = arithmetisches Mittel aller Tageswerte (Thw) MTnw = arithmetisches Mittel aller Tageswerte (Tnw)
• Küstenlinie in den Seekarten (MHW-Linie) • tägliche Wasserstandsvorhersage • Gezeitenkalender • Gezeitentafeln	• Steuerung von Betriebsanlagen • Uferlinie in den Seekarten der Bundeswasserstraßen (MThw-Linie) • Statistik, Beweissicherung • Bauwerke
Bevor die Wasserstandsdaten von den WSÄ für die Gezeitenanalyse verwendet werden, müssen diese eine Datenprüfung durchlaufen. Obwohl für deren Gezeitenanalyse Beobachtungsreihen von 5 bzw. 19 Jahren verwendet werden, können sie große »Datenausreißer« oder konstante Fehler über einen längeren Zeitraum verfälschen. Darum wird angestrebt, lückenlose und fehlerfreie Wasserstandsdaten zu benutzen, um die bestmöglichen reinen Gezeitenanteile zu ermitteln. Aus diesem Grunde sollten die Daten keine sehr hohen und sehr niedrigen Wasserstände enthalten, die von Sturmfluten, stark anhaltenden Ostwinden oder von hohem Oberwasser herrühren.	Die WSV benötigt Daten, die die Wirklichkeit widerspiegeln. Aus diesem Grunde werden keine einzelnen Ereignisse, die von Sturmfluten, stark anhaltenden Ostwinden oder von hohem Oberwasser herrühren, herausgefiltert.
Die Gezeitengrundwerte werden jährlich in den Gezeitentafeln und im Gezeitenkalender veröffentlicht.	Die Hauptwerte werden jährlich in den WTide-Tabellen der Deutschen Gewässerkundlichen Jahrbücher veröffentlicht.

7 Vorausberechnungen

7.1 Vorausberechnungen für die deutsche Nordseeküste

Die Gezeiten setzen sich aus der Summe einzelner **Partialtiden (Teiltiden)** zusammen und sind unterschiedlich lang. Daher wiederholen sich die Gezeiten streng genommen niemals in gleicher Weise. Angenähert **alle 18,6 Jahre** treten **etwa die gleichen Verhältnisse** ein, weil dann die Mondphasen wieder auf dasselbe Tagesdatum fallen, und der Mond und die Sonne fast gleiche Kräfteverhältnisse bilden.

Die Nordseeküste und die Tideflüsse befinden sich in einem stetigen **morphologischen Wandel**.

Um die **örtlich bedingte Gezeitenform** genauer zu untersuchen und die Gesetzmäßigkeiten ihres Verlaufs festzustellen, muss man das Steigen und Fallen des Wassers über mehrere Jahre genau beobachten. Zu diesem Zweck wurden Pegel durch die Wasserstraßen- und Schifffahrtsverwaltung (WSV) und die Landesämter an geeigneten Orten errichtet.

Diese Pegel zeichnen die Wasserstände (Wasserstandsbeobachtungen) als eine fortlaufende Kurve auf, früher auf Papier und heute digital. Für einige Orte gibt es seit ca. 150 Jahren (historisch noch länger) Wasserstandsbeobachtungen.

Aus den **Wasserstandsbeobachtungen** werden zunächst die **Grundlagendaten** und die **Gezeitengrundwerte** ermittelt, um daraus wiederum die ausführlichen **Vorausberechnungen** berechnen zu können.

Pegel Elsfleth.

Pegel Robbensüdsteert.

Vorausberechnungen:
Es gibt zwei mathematische Entwicklungen zur Berechnung von ausführlichen Vorausberechnungen: zum einen das ältere ***harmonische****, zum anderen das neuere* ***non-harmonische Verfahren.*** *In den folgenden Kapiteln 7.2 und 7.3 werden die beiden Verfahren stark vereinfacht beschrieben und die Unterschiede erläutert. Für die Vorausberechnungen an den deutschen Küstenorten nutzt das BSH das non-harmonische Verfahren.*

7.2 Harmonisches Verfahren

Das **harmonische Verfahren** zur Berechnung der Gezeiten wurde in der zweiten Hälfte des 18. Jahrhunderts entwickelt. Die Bezeichnung »harmonisch« wird in der Mathematik für sinusförmige Funktionen verwendet. Dieses Verfahren der Gezeitenvorausberechnung hat den wesentlichen Vorteil, dass es nicht nur die Hoch- und Niedrigwasser, sondern die **gesamte Gezeitenkurve** darstellt. Außerdem ist es nicht auf halbtägige Gezeiten beschränkt. Das harmonische Verfahren ist daher zur Berechnung der Gezeiten von **eintägiger** und **gemischter Form** unentbehrlich.

Bei dem harmonischen Verfahren wird die komplexe Gezeitenwelle in einzelne sinusförmige Schwingungen zerlegt. Diese Schwingungen werden in der Gezeitenkunde als Partialtiden oder Teiltiden bezeichnet. Das mathematische Zusammensetzen der vielen Teiltiden ergibt die Gesamtwelle. Es gibt verschiedene Arten von Teiltiden, und zwar die astronomischen Tiden (M_2, S_2) und die Seichtwasser-Tiden. Die Seichtwassertiden teilen sich in Obertiden (ein Vielfaches einer astronomischen Tide

Pegel Deichsiel.

z. B. $M_4 = 2*M_2$) und Verbundtiden (Kombination aus astronomischen Tiden z. B. $MS_4 = M_2+S_2$) auf.

Bei dem folgenden Beispiel wurden zur Verdeutlichung nur die vier größten astronomischen Teiltiden verwendet.

3-Tage-Einzeldarstellung

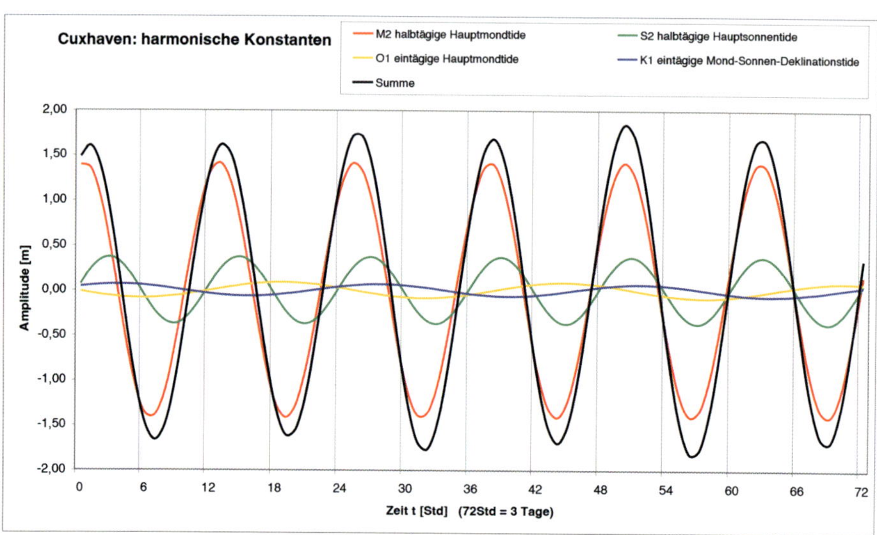

31-Tage-Einzeldarstellung

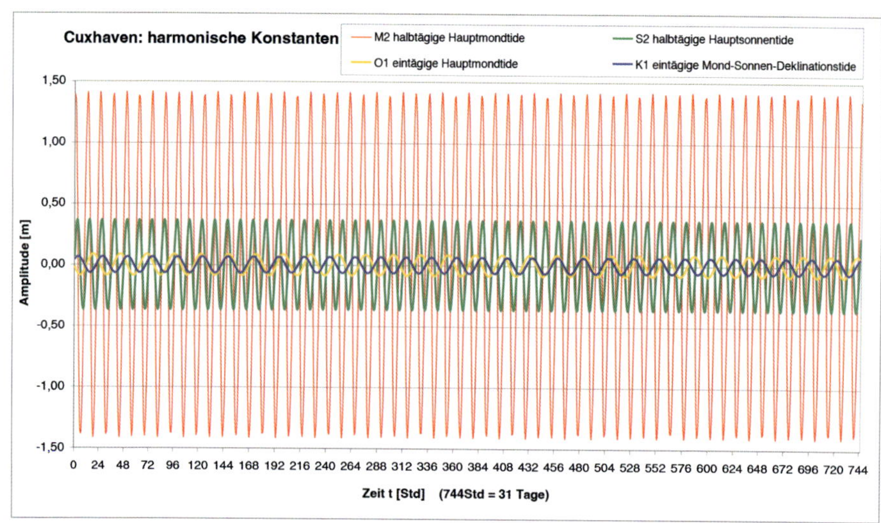

31-Tage-Gesamtwelle aus der Summe von vier Teiltiden

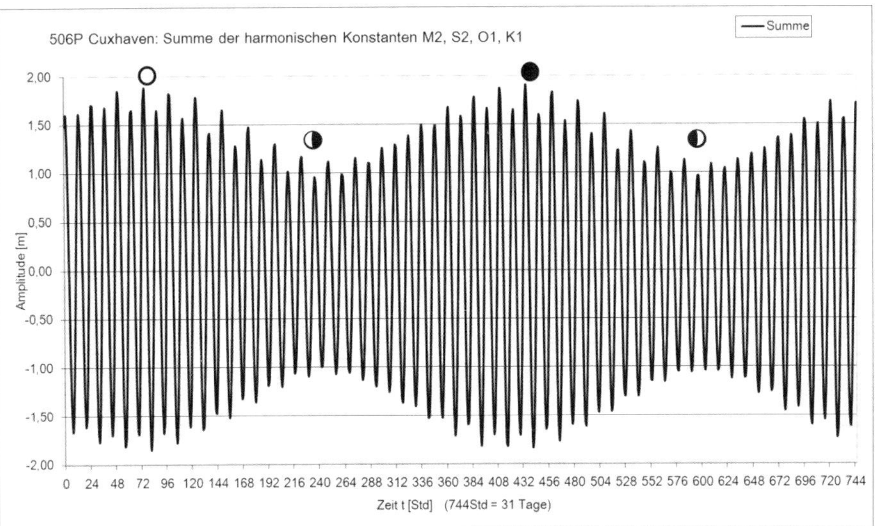

Da für die Vorausberechnungen sehr aufwendige mathematische Berechnungen, die ohne moderne Computer nicht zu bewältigen waren, notwendig sind, wurden sogenannte **Gezeitenrechenmaschinen** entwickelt. Diese Rechenmaschinen summierten mechanisch die Teiltiden auf und zeichneten eine vollständige Gezeitenkurve für einen einzelnen Ort für ein Jahr auf.

Die älteste deutsche Gezeitenrechenmaschine stammt aus dem Jahr 1916. Diese Maschine arbeitete mit 20 Teiltiden und stand in der deutschen Seewarte (Vorgänger des DHI) in Hamburg. Heute kann sie im Deutschen Schifffahrtsmuseum in Bremerhaven besichtigt werden.

Gezeitenrechenmaschine 1916.

Die große Gezeitenrechenmaschine, die von 1938 bis 1976 im deutschen Hydrographischen Institut (DHI, später BSH) Ihren Dienst tat, wog ca. 7 t und konnte 62 Teiltiden addieren. Nach dem zweistündigen Einstellen der Ausgangswerte benötigte die Gezeitenmaschine 20 Stunden Rechenzeit pro Jahr und Ort.

Gezeitenrechenmaschine 1938.

7.3 Non-harmonisches Verfahren

Das **non-harmonische Verfahren** setzt voraus, dass die Gezeiten des betreffenden Ortes **halbtägige Form** haben, also im Laufe eines Tages (Mondtages) zwei Hoch- und zwei Niedrigwasser eintreten. Die Abweichungen der einzelnen Hoch- und Niedrigwasserhöhen von mittleren Hoch- bzw. Niedrigwasserhöhen zeigen einen ziemlich regelmäßigen Verlauf. Ebenso gleichmäßig weichen die einzelnen Hoch- und Niedrigwasserintervalle (das sind die Zeitunterschiede zwischen einer Mondkulmination und dem unmittelbar folgenden Hoch- bzw. Niedrigwasser) von deren mittleren Intervallen ab. Diese **Abweichungen** werden **Ungleichheiten** genannt.

Die **Ungleichheiten der Hoch- und Niedrigwasser in Höhe und Zeit** sind von folgenden astronomischen Größen abhängig:

- *der Zeit des Meridiandurchganges des Mondes*
- *der Horizontalparallaxe des Mondes als Maß seiner Entfernung und damit der Anziehungskraft*
- *der Deklination des Mondes beim Meridiandurchgang (Winkel zum Horizont)*
- *dem Kalenderdatum zur Berücksichtigung der Sonnenentfernung (siehe auch Kapitel 2)*

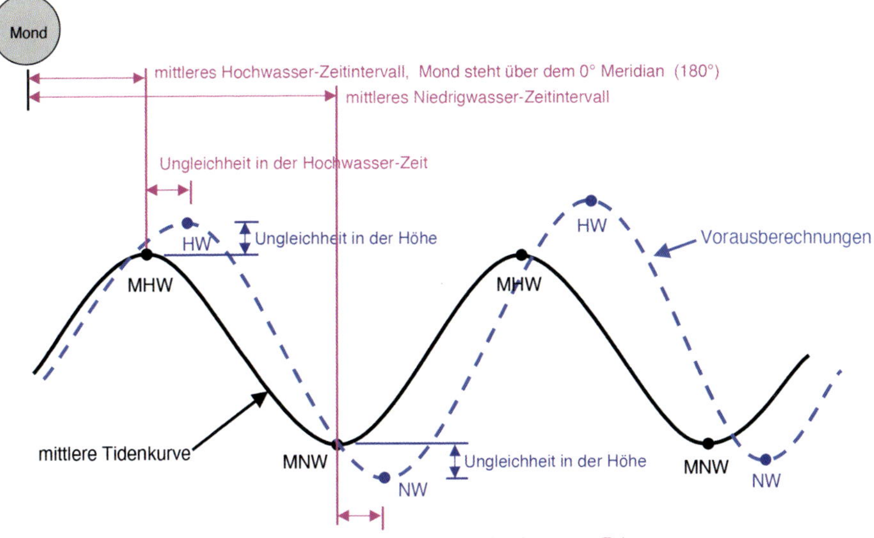

Das non-harmonische Verfahren zur Berechnung der Gezeiten ist ein Verfahren, bei dem man die Hoch- und Niedrigwasserzeiten eines Ortes erhält, indem man zu den Null-Meridiandurchgangszeiten des Mondes die mittleren Hoch- und Niedrigwasser-Zeitintervalle sowie deren Ungleichheiten in Hoch- und Niedrigwasserzeit hinzufügt. Die Hoch- und Niedrigwasserhöhen bekommt man, indem die Ungleichheiten der Hoch- und Niedrigwasserhöhen zu den mittleren Hoch- und Niedrigwasserhöhen addiert werden.

Im Gegensatz zum harmonischen Verfahren erhält man bei diesem Verfahren keine vollständige Gezeitenkurve, sondern lediglich die **Scheitelpunkte**. Die Zwischenzeiten und -höhen bleiben dabei unbekannt. Dieses Verfahren liefert an ozeanischen Küsten und Gebieten, bei denen halbtätige Gezeiten mit zahlreichen **Seichtwassertiden** vorkommen, bessere Ergebnisse als das harmonische Verfahren. Diese Bedingungen treten besonders an der deutschen Nordseeküste auf. Aus diesem Grunde werden für die deutschen Küstenorte die Vorausberechnungen der Hoch- und Niedrigwasser nach dem non-harmonischen Verfahren bestimmt.

7.4 Charakteristiken der Gezeiten

Aufgrund der morphologischen Gegebenheiten der Küsten entstehen auf der Erde unterschiedliche Gezeiten-Phänomene oder Formen:

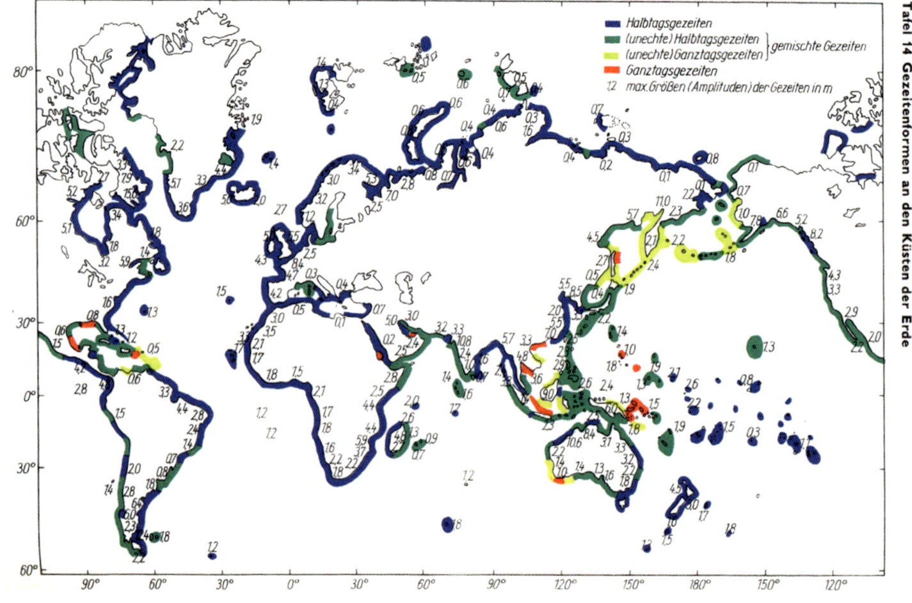

Tafel 14 Gezeitenformen an den Küsten der Erde

Hier einige der wichtigsten Teiltiden, die die Gezeitenform auf der Erde bestimmen:

Name Teiltide	Periode [Std. Min.]	Bedeutung
M_2	12 25	halbtägige Hauptmondtide
S_2	12 00	halbtägige Hauptsonnentide
O_1	25 49	eintägige Hauptmondtide
K_1	23 56	eintägige Mond-Sonnen-Deklinationstide (Winkel zum Horizont)
M_4	6 13	Seichtwassertide (Obertide der M_2)
MS_4	6 06	Seichtwassertide (Verbundtide)

Die Stärke (Amplitude) der verschiedenen Teiltiden prägt das Bild einer Gezeitenkurve.

Das Verhältnis der Amplituden von den eintägigen Tiden (K_1+O_1) und den halbtätigen Tiden (M_2+S_2) bestimmt die **Formzahl F**.

Die Formzahl F hat folgende Einteilung und liefert eine grobe Übersicht der Gezeitenformen:

- *Halbtägige Gezeitenform:* *F = 0 bis 0,25*
- *Gemischte, überwiegend halbtägige Gezeitenform:* *F = 0,25 bis 1,5*
- *Gemischte, überwiegend eintägige Gezeitenform:* *F = 1,5 bis 3,0*
- *Eintägige Gezeitenform:* *F = größer 3,0*

Mithilfe folgender Formel kann der Charakter der Gezeitenform berechnet werden:

$$\boldsymbol{F} = \frac{K_1\ [m] + O_1\,[m]}{M_2\,[m] + S_2\,[m]}$$

Die Amplituden werden aus den harmonischen Gezeitenkonstanten entnommen. Diese werden in den englischen Gezeitentafeln »Admiralty Tide Tables (ATT)«, Part III Harmonic Constants oder den alten Monaco-Blättern für weltweite Orte veröffentlicht.

Admiralty Tide Tables:
In den englischen Gezeitentafeln sind nur die vier wichtigsten harmonischen Konstanten, M_2 S_2 K_1 O_1, eines Ortes angegeben. Die deutschen Orte werden im Band 2 (Volume 2) veröffentlicht.

GERMANY

HARMONIC CONSTANTS Zone -0100

No.	Place	ML $Z_{0\,m}$	g°	M_2 H.m	g°	S_2 H.m	g°	K_1 H.m	g°	O_2 H.m
1431	**HELGOLAND**	1.94	341	1.11	047	0.29	035	0.07	245	0.09
1436	Büsum	2.45	003	1.59	073	0.42	045	0.07	255	0.10
1438	**CUXHAVEN**	2.23	011	1.37	080	0.35	057	0.07	264	0.10
1439	Brunsbüttel	2.14	042	1.25	111	0.30	077	0.07	282	0.09
1444	Hamburg	2.29	119	1.55	197	0.36	116	0.07	321	0.09
1451	Bremerhaven	2.61	017	1.69	091	0.42	056	0.07	263	0.10
1456	Bremen	2.29	071	1.73	152	0.42	090	0.07	295	0.09
1463	**WILHELMSHAVEN**	2.72	001	1.73	074	0.45	047	0.08	254	0.10
1469	Norderney	1.84	314	1.11	020	0.29	024	0.07	234	0.09
1472	Borkum	1.90	305	1.12	010	0.28	021	0.07	230	0.09
1475	Emden	2.49	342	1.46	055	0.35	042	0.08	249	0.10

Monaco-Blätter:

International Hydrographic Bureau

TIDES
List of Harmonic Constants

SPECIAL PUBLICATION N° 26

(Please refer to the Preface at the beginning of the booklet as well as to the Repertories).

Note. — The Harmonic Constants of the Ports are given on the other side of the sheet. This side contains the additional information relative to these ports.

MONACO

Sheet.... / Feuille.. N° 80

DATE : 31-XII-32

Bureau Hydrographique International

MARÉES
Liste de Constantes Harmoniques

PUBLICATION SPÉCIALE N° 26

(Prière de se reporter à la Préface en tête de la Brochure, ainsi qu'aux Répertoires).

Note. — Les Constantes Harmoniques de Ports sont données de l'autre côté de la feuille. Ce côté contient les renseignements complémentaires relatifs à ces ports.

CUXHAVEN.
These constants depend on very old observations and are given as a matter of interest only. They complete and replace those published for Cuxhaven on sheet N° 2035 dated 31-XII-31.

CUXHAVEN.
Ces constantes qui proviennent d'observations très anciennes sont données pour information ; elles complètent et remplacent celles qui ont été publiées sur la fiche N° 2035 du 31-XII-31.

(REGION) NORTH SEA

Name of Port or Station **CUXHAVEN**
Nom du Port ou de la Station *(Deutschland)*

N° 80, 2035

SPECIAL INFORMATION RENSEIGNEMENTS PARTICULIERS
(1) Position. Latitude : 53° 52' N. Longitude (Greenwich) : 8° 43' E. Time kept at the place / Heure usitée en ce lieu : [S = − 1] Location of Tidegauge or pole : Emplacement du Marégraphe ou de l'Echelle :
(2) Time & Duration of Observations. **Époque et Durée des Observations.** Years : Années : 1841 - 1844 Time of year (or month): Époque de l'année (ou mois): Aug.1841 - Oct.1844 Duration in days : Durée en jours : 3 years - 3 ans Method of observation : Mode d'observation : Tide pole Echelle Authors & References : Auteurs et Références : Observations : Journals of the Resident Engineer (*) Constants : Messrs. Edw. Roberts & Son
(3) Datum & Bench Mark. **Repère.** Specification of Datum & Benchmark : Désignation du Repère : Height of Mean level : Cote du Niveau moyen : Height of Mean level above hydrographic datum of the largest scale chart of the locality : Cote du Niveau moyen au dessus du zéro hydrographique de la Carte à plus grande échelle de la localité : A_0 = (160 cm) = (5.25 feet) Chart N° / Numéro de la carte : 138 G
(4) Special Remarks of a practical nature. **Remarques particulières pratiques.** (Highest high water observed or greatest total amplitude observed ; Lowest low water observed or smallest total amplitude observed : Type of the Tide, etc.) : (Plus haute mer observée, ou plus grande amplitude totale observée ; Plus basse mer observée ou plus petite amplitude observée ; Type de la Marée, etc.) : (*) The journals give times and heights of High and Low Water only and are frequently incomplete. (See back) Ce journal donne les heures et les hauteurs des Pleines mers et des Basses mers seulement et il est souvent incomplet. (Voir au dos)

FUNDAMENTAL TIDES / ONDES FONDAMENTALES

	Amplitude H cm.	Amplitude H feet.	ϰ deg.	
S_a				
S_{sa}				
M_m				
M_f				
MS_f				
K_1	6.7	0.221	068	
O_1	5.0	0.164	266	
P_1	0.9	0.029	115	
Q_1	0.9	0.031	237	
J_1				
$NO_1 = M_1$				
OO_1				
$\nu K_1 = \rho_1$				
$\nu J_1 = \sigma_1$				
$TK_1 = \pi_1$				
$NJ_1 = 2Q_1$				
$KP_1 = \varphi_1$				
$LP_1 = \chi_1$				
$\lambda O_1 = \theta_1$				
SO_1				
MP_1				
S_1				
$RP_1 = \psi_1$				
KQ_1				
M_2	122.7	4.026	359	
S_2	31.4	1.030	070	
N_2	24.4	0.802	327	
K_2	10.2	0.334	063	
ν_2	4.7	0.155	318	
$2MS_2 = \mu_2$	13.4	0.440	077	
L_2	6.0	0.196	026	
T_2	1.8	0.060	069	
$2N_2$				
MNS_2				
λ_2				
KJ_2				
R_2				
M_3				

OVER & COMPOUND TIDES / ONDES SUPÉRIEURES ET COMPOSÉES

	Amplitude H cm.	Amplitude H feet.	ϰ deg.	
$2SM_2$				
MK_3				
$MO_3 = 2MK_3$				
SK_3				
SO_3				
S_3				
M_4	6.9	0.225	285	
MS_4	8.2	0.269	335	
MN_4				
MK_4				
S_4				
M_6				
$2MS_6$				
$2MN_6$				
$2SM_6$				
MSN_6				
S_6				
M_8				
$3MS_8$				
$2(MS)_8$				
$2MSN_8$				
S_8				
OTHERS. AUTRES.				

Beispiele:

halbtägige Gezeitenform
F: 0-0,25
deutsche Nordseeküste
Cuxhaven Amplituden:
K_1: 0,0658 m, O_1: 0,0862 m, M_2: 1,4167 m, S_2: 0,3714 m
F = 0,085

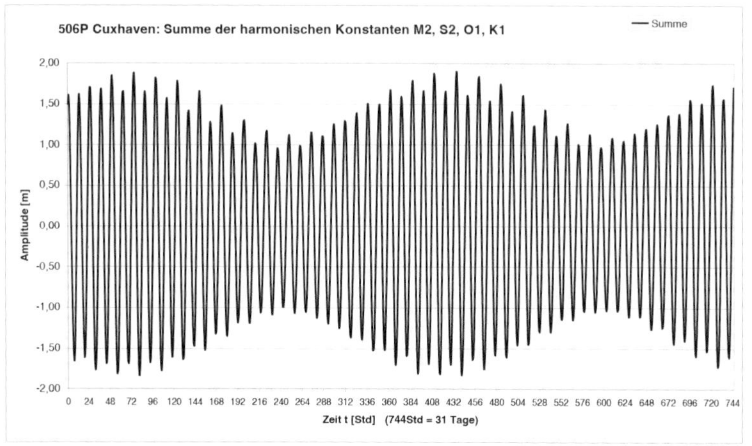

gemischte, überwiegend halbtägige Gezeitenform
F: 0,25-1,5
Golf von Aden
Aden Amplituden:
K_1: 0,397 m, O_1: 0,201 m, M_2: 0,475 m, S_2: 0,206 m
F = 0,88

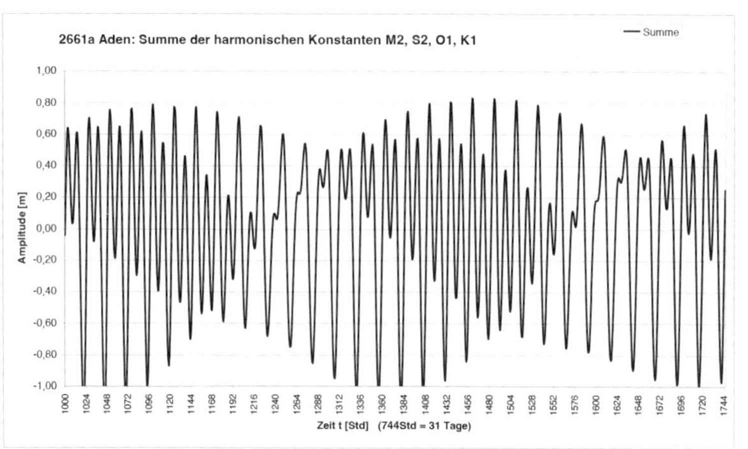

gemischte, überwiegend eintägige Gezeitenform

F: 1,5–3,0

Westküste Australien

Geraldton Amplituden:

K_1: 0,1704 m, O_1: 0,1155 m, M_2: 0,0646 m, S_2: 0,0460 m

F = 2,58

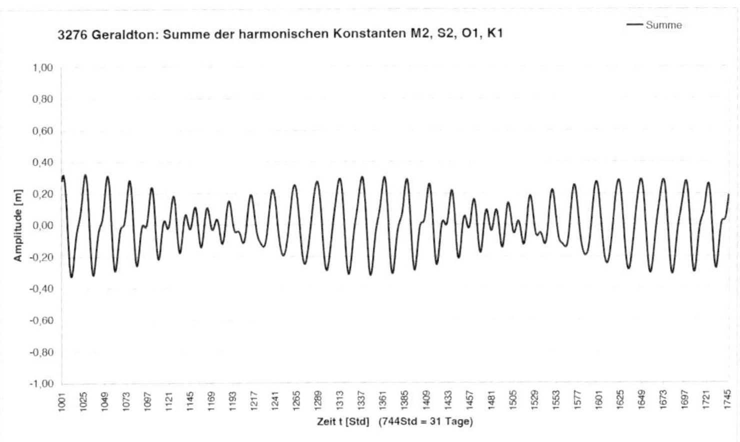

eintägige Gezeitenform

F: > 3,0

Südliche Jawasee

Jakarta, Tanjung Priok Amplituden:

K_1: 0,25 m, O_1: 0,13 m, M_2: 0,05 m, S_2: 0,02 m

F = 5,43

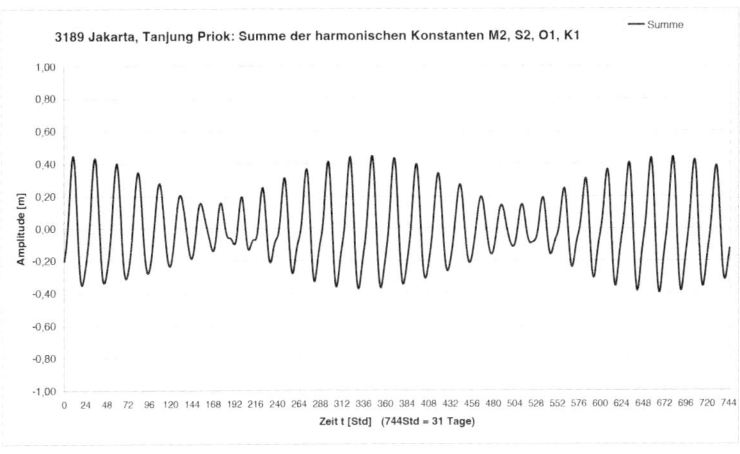

8 Gezeitenkalender und Gezeitentafeln

8.1 Gebrauch des Gezeitenkalenders und der deutschen Gezeitentafeln

Nach der theoretischen Behandlung der Gezeitenerscheinungen steht nachfolgend die praktische Anwendung im Vordergrund. Da Gezeitenerscheinungen eine große Bedeutung für die Schifffahrt und die Küstenbewohner haben, ist es notwendig, diese vorhersagen zu können.

Die folgenden Beispiele verdeutlichen den praktischen Nutzen, der daraus folgt:

- *Schiffe der Berufsschifffahrt mit großen Tiefgang, die nur auf der »Hochwasserwelle« die Flüsse hinauffahren können.*
- *Sportbootführer möchten das strömende Wasser nutzen, um mit ihren kleinen Motoren zügiger voranzukommen.*
- *WSÄ schließen zum Hochwasserzeitpunkt Sperrwerke und stauen somit das Wasser auf, um damit später den Fluss »spülen« zu können.*
- *Kraftwerke lassen während eines Hochwasserzeitraums ihre Kühlwasserpumpen laufen.*
- *Touristen wandern in einem Niedrigwasserzeitraum durch das Watt.*

Mitte des 19. Jahrhunderts wurde die Forderung nach präzisen Gezeitenvorausberechnungen stärker. Aus diesem Grunde brachte der Engländer John William Lubbock 1833 die ersten wissenschaftlich fundierten *Gezeitentafeln* für zunächst vier englische Häfen heraus. Es folgten die Länder Frankreich 1839 und USA 1853. Deutschland entwickelte die erste Gezeitenrechenmaschine 1873 zur Berechnung mit zehn Teiltiden. Die ersten *deutschen Gezeitentafeln* wurden im Jahr 1879 herausgebracht. Die mathematischen Verfahren wurden im Laufe der Jahre verbessert und die Gezeitentafeln unterlagen einem ständigen Wandel.

Da die *Gezeitentafeln* ein sehr umfangreiches Werk sind, wurde der ***deutsche Gezeitenkalender*** entwickelt, der für die meisten Nutzer vollkommen ausreichend ist. Im Herbst 1945 kam erstmals dieses handliche Werk heraus, das im Jahr 2022 eine Auflage von 42.000 Stück hatte. Im *Gezeitenkalender* werden für 13 Bezugsorte die täglichen Hoch- und Niedrigwasserzeiten und für ca. 180 Anschlussorte die mittleren Zeitunterschiede angegeben. Für viele Küstenbewohner sind auch die Auf- und Untergangszeiten von Sonne und Mond von großem Interesse, weshalb diese seit 1953 zusätzlich veröffentlicht werden.

Die ***deutschen Gezeitentafeln*** decken das europäische Küstengebiet ab. In Teil I werden für 38 Bezugsorte die täglichen Hoch- und Niedrigwasserzeiten und die Höhen der Gezeit (Wasserstandshöhen ohne Windeinfluss) angegeben sowie die mittleren Tidenkurven dargestellt. In Teil II werden für ca. 730 Anschlussorte die mittleren Gezeitenunterschiede (für die Zeit und die Höhe) zu den

Bezugsorten angegeben. In Teil III sind für die deutschen Orte die mittleren Hoch- und Niedrigwasserwerte angegeben. In Teil IV findet man zahlreiche Hilfstafeln, z. B. die Mondphasen zur Berechnung der Eintrittszeiten sowie Höhen der Hoch- und Niedrigwasser am Anschlussort. In Teil V werden die *Gezeitenkarten* der Nordsee abgebildet.

8.2 Gezeitenkalender

Im *Gezeitenkalender* sind die unterschiedlichsten Informationen enthalten, die speziell auf die Bedürfnisse der Küstenbewohner sowie der Klein- und Sportschifffahrt ausgelegt sind. Aus diesem Grunde wurde ein kleines handliches Papierformat gewählt, das bequem in eine Brusttasche oder in ein Aufbewahrungsfach passt und preislich für jeden erschwinglich ist. Trotz Informationen aus dem Internet dient der *Gezeitenkalender* weiterhin als **Grundversorgung** für Gezeiteninformationen an der deutschen Nordseeküste und den tidebeeinflussten Flüssen.

Der *Gezeitenkalender* ist folgendermaßen aufgebaut:

Allgemeine Informationen zum *Gezeitenkalender*, zur Wasserstandsvorhersage und zu Begriffsbestimmungen

Ausführliche Vorausberechnungen der Bezugsorte:

Für 13 Bezugsorte können ausführliche Vorausberechnungen entnommen werden. Die Zeiten werden in der gesetzlichen Zeit (Mitteleuropäische Zeit, MEZ) bzw. Sommerzeit (MESZ) angegeben und sind als zusätzliche Information mit den Mondphasensymbolen versehen.

Für jeden dieser Bezugsorte gibt es den jeweiligen Lageplan, der das Gebiet mit den dazugehörigen Anschlussorten umfasst. Das Gebiet erstreckt sich geographisch von Norden (Sylt) nach Süden (Borkum) geordnet.

8

Helgoland, Binnenhafen 2022
Breite: 54° 11' N, Länge: 7° 53' E

Tag	Januar HW - Zeit		Januar NW - Zeit		Tag	Februar HW - Zeit		Februar NW - Zeit	
1 Sa	10:07	22:35	4:27	16:58	1 Di ●		12:02	6:23	18:44
2 So ◐	11:08	23:30	5:29	17:55	2 Mi	0:19	12:53	7:16	19:32
3 Mo		12:03	6:25	18:48	3 Do	1:07	13:38	8:05	20:16
4 Di	0:22	12:56	7:19	19:39	4 Fr	1:51	14:20	8:48	20:56
5 Mi	1:14	13:48	8:12	20:28	5 Sa	2:31	14:58	9:27	21:32
6 Do	2:03	14:37	9:02	21:12	**6 So**	3:10	15:35	10:03	22:08
7 Fr	2:49	15:21	9:46	21:52	7 Mo	3:48	16:11	10:37	22:43
8 Sa	3:32	16:04	0:29	22:34	8 Di ◐	4:26	16:46	11:08	23:17
9 So ◐	4:18	16:50	11:12	23:19	9 Mi	5:04	17:25	11:41	
10 Mo	5:06	17:38	11:56		10 Do	5:51	18:21	0:00	12:30
11 Di	5:57	18:31	0:08	12:45	11 Fr	6:59	19:37	1:05	13:43
12 Mi	6:56	19:33	1:05	13:44	12 Sa	8:23	20:59	2:31	15:08
13 Do	8:04	20:41	2:15	14:51	**13 So**	9:41	22:09	3:55	16:23
14 Fr	9:13	21:44	3:27	15:57	14 Mo	10:43	23:01	5:02	17:21
15 Sa	10:13	22:38	4:32	16:54	15 Di	11:30	23:43	5:51	18:05
16 So	11:03	23:22	5:25	17:41	16 Mi ○		12:09	6:31	18:44
17 Mo	11:46		6:09	18:22	17 Do	0:20	12:45	7:09	19:21
18 Di ○	0:01	12:24	6:47	18:59	18 Fr	0:55	13:21	7:47	19:57
19 Mi	0:37	13:01	7:25	19:35	19 Sa	1:29	13:55	8:22	20:30
20 Do	1:12	13:37	8:02	20:09	**20 So**	2:04	14:29	8:57	21:05
21 Fr	1:47	14:12	8:37	20:42	21 Mo	2:39	15:06	9:32	21:42
22 Sa	2:20	14:47	9:12	21:18	22 Di	3:17	15:43	0:09	22:20
23 So	2:57	15:27	9:50	21:59	23 Mi ◑	3:56	16:19	0:43	22:56
24 Mo	3:37	16:08	0:31	22:39	24 Do	4:36	17:02	1:20	23:45
25 Di ◑	4:17	16:48	11:09	23:20	25 Fr	5:31	18:05		12:18
26 Mi	5:01	17:34	11:51		26 Sa	6:51	19:30	0:59	13:42
27 Do	5:58	18:37	0:13	12:51	**27 So**	8:24	20:59	2:33	15:14
28 Fr	7:13	19:54	1:25	14:07	28 Mo	9:50	22:16	4:04	16:36
29 Sa	8:35	21:11	2:48	15:27					
30 So	9:53	22:22	4:09	16:42					
31 Mo	11:02	23:24	5:21	17:48					

● Neumond ◐ erstes Viertel ○ Vollmond ◑ letztes Viertel
Mitteleuropäische Zeit

14

Helgoland, Binnenhafen

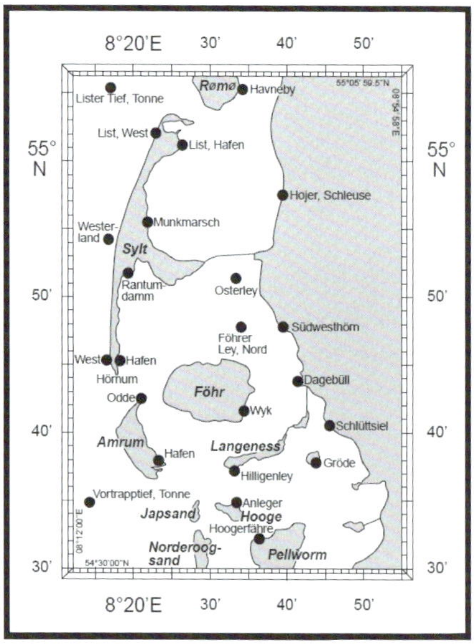

Mittlere Gezeiten-Zeitunterschiede der Anschlussorte:

Von etwa 180 Anschlussorten werden mittlere Zeitunterschiede gegen einen jeweiligen Bezugsort angegeben. Die Zeitunterschiede sind mittlere Werte, die aus einer fünfjährigen Beobachtungsreihe abgeleitet werden und im Einzelfall eine Ungenauigkeit von bis zu 20 Minuten zur ausführlichen Vorausberechnung aufweisen können.

Bei einigen Anschlussorten ist ein Stern anstelle des Zeitunterschiedes angegeben. Er bedeutet, dass für diesen Pegel kein Wert ermittelt werden kann.

Mittlere Gezeitenzeitunterschiede einiger Orte gegen Helgoland:

Um die mittlere Laufzeit der Gezeitenwelle in der deutschen Bucht abschätzen zu können, sind von 21 wichtigen Orten die Zeitunterschiede gegen den Bezugsort Helgoland gebildet worden.

Aus der Differenz der Zeitunterschiede zweier ausgewählter Orte kann die Laufzeit ermittelt werden.

15

Mittlere Gezeitenunterschiede

Ort		Breite Nord	Länge Ost	HW h min	NW h min
Helgoland, Binnenhafen		**54°11'**	**7°53'**		
Fino 3		55°12'	7°10'	+1 02	+0 34
Lister Tief, Tonne		55°05'	8°17'	+1 34	*
Römö Havn (Havneby)		55°05'	8°34'	+2 47	+2 09
Hojer, Schleuse		54°58'	8°40'	+3 10	+3 39
Sylt					
List, West		55°03'	8°24'	+1 24	+1 20
List, Hafen		55°01'	8°26'	+2 51	+2 10
Munkmarsch	c	54°55'	8°22'	+3 03	+3 12
Westerland		54°55'	8°16'	+0 56	+1 08
Hörnum, West		54°45'	8°16'	+0 45	+0 56
Vortrapptief					
Vortrapptief, Tonne		54°35'	8°14'	+0 47	*
Amrum Odde, Amrum		54°42'	8°20'	+1 16	+1 19
Hörnum, Sylt, Hafen		54°45'	8°18'	+2 08	+1 33
Hörnumtief					
Rantumdamm, Sylt	c	54°52'	8°19'	+2 34	+2 58
Osterley		54°51'	8°34'	+2 29	+2 44
Föhrer Ley, Nord		54°48'	8°34'	+2 26	+2 38
Norderaue					
Rütergat, Tonne		54°28'	8°14'	+0 32	*
Wittdün, Amrum, Hafen		54°38'	8°23'	+1 28	+1 22
Wyk, Föhr		54°42'	8°35'	+2 05	+1 48
Südwesthörn	a	54°48'	8°40'	+2 27	*
Dagebüll		54°44'	8°41'	+2 18	+2 12
Süderaue					
Langeness, Hilligenley		54°37'	8°33'	+1 28	+1 29
Hooge, Anleger		54°35'	8°33'	+1 30	+1 29
Gröde, Anleger	a	54°38'	8°44'	+1 51	*
Schlüttsiel		54°41'	8°45'	+2 01	+2 08
Pellworm, Hoogerfähre	c	54°32'	8°36'	+1 28	+1 38

* Zeitunterschied unbekannt
a Niedrigwasser trockenfallend
c Niedrigwasser teilweise trockenfallend

110

Mittlere Gezeitenunterschiede
einiger Orte gegen Helgoland

Ort	Breite Nord	Länge Ost	HW h min	NW h min
Helgoland, Binnenhafen	**54°11'**	**7°53'**		
List, Sylt, Hafen	55°01'	8°26'	+2 51	+2 10
Hörnum, Sylt, Hafen	54°45'	8°18'	+2 08	+1 33
Wittdün, Amrum, Hafen	54°38'	8°23'	+1 28	+1 22
Dagebüll	54°44'	8°41'	+2 18	+2 12
Pellworm, Anleger	54°30'	8°42'	+1 37	+1 04
Husum, Schleuse	54°28'	9°01'	+1 58	+1 29
Eider-Sperrwerk, Außenpegel	54°16'	8°51'	+1 28	+1 38
Büsum, Schleuse	54°07'	8°52'	+0 58	+0 27
Scharhörn, Bake C	53°58'	8°28'	+0 29	+0 20
Cuxhaven, Steubenhöft, Elbe	53°52'	8°43'	+1 19	+1 20
Brunsbüttel, Elbe, Ost	53°53'	9°09'	+2 23	+2 39
Glückstadt, Elbe	53°47'	9°25'	+3 23	+3 25
Hamburg, St. Pauli, Elbe	53°33'	9°58'	+4 47	+5 09
Hamburg, Bunthaus, Elbe	53°28'	10°04'	+5 11	+5 52
Alte Weser, Leuchtturm	53°52'	8°08'	+0 14	+0 01
Bremerhaven, Weser, Alter Leuchtturm	53°33'	8°34'	+1 28	+0 57
Brake, Weser	53°19'	8°29'	+2 16	+2 00
Bremen, Oslebshausen, Weser	53°07'	8°43'	+3 08	+3 25
Mellumplate, Leuchtturm	53°46'	8°06'	+0 20	+0 06
Hooksielplate	53°40'	8°09'	+0 45	+0 16
Wilhelmshaven, Alter Vorhafen	53°31'	8°09'	+1 02	+0 23
Spiekeroog, ehem. Landungsbrücke	53°45'	7°41'	-0 02	-0 23
Norderney, Riffgat	53°42'	7°09'	-0 24	-0 48
Borkum, Fischerbalje	53°33'	6°45'	-0 48	-1 15
Emden, Ems, Große Seeschleuse	53°20'	7°11'	+0 38	-0 05
Leerort, Ems	53°13'	7°26'	+0 57	+1 34
Papenburg, Ems	53°07'	7°22'	+0 45	+2 29

Tabelle der Spring-, Mitt- und Nippzeiten:

Aus der Tabelle kann für einen beliebigen Tag entnommen werden, ob Spring-, Mitt- oder Nippzeit herrscht.

Für die praktische Spring-, Mitt-, und Nippzeitbestimmung sind die Angaben ausreichend genau.

Die Springverspätung wurde für die deutsche Nordseeküste bereits berücksichtigt.

Jahreswerte der Bezugsorte:

Die Grafik dient zur Veranschaulichung der unterschiedlichen mittleren Hoch- bzw. Niedrigwasser an der deutschen Nordseeküste und deren Flussgebiete. Die Höhen sind auf das Normalhöhennull (NHN) bezogen.

Des Weiteren ist das gültige Seekartennull der Bezugsorte eingetragen.

111

Spring (Sp)-, Mitt (M)- und Nipp (Np)-Zeiten. 2022

	Jan	Feb	Mrz	Apr	Mai	Jun	Jul	Aug	Sep	Okt	Nov	Dez
1	M	**Sp**	M	**Sp**	**Sp**	**Sp**	**Sp**	M	M	M	Np	Np
2	**Sp**	**Sp**	**Sp**	**Sp**	**Sp**	**Sp**	**Sp**	M	M	M	Np	Np
3	**Sp**	**Sp**	**Sp**	**Sp**	**Sp**	M	M	M	Np	Np	Np	Np
4	**Sp**	**Sp**	**Sp**	**Sp**	M	M	M	M	Np	Np	Np	M
5	**Sp**	M	**Sp**	M	M	M	M	Np	Np	Np	M	M
6	M	M	M	M	M	M	M	Np	Np	Np	M	M
7	M	M	M	M	M	Np	Np	Np	M	M	M	M
8	M	Np	M	M	M	Np	Np	Np	M	M	**Sp**	**Sp**
9	Np	Np	M	Np	Np	Np	Np	M	M	**Sp**	**Sp**	**Sp**
10	Np	Np	Np	Np	Np	Np	Np	M	**Sp**	**Sp**	**Sp**	**Sp**
11	Np	Np	Np	Np	Np	M	M	M	**Sp**	**Sp**	**Sp**	**Sp**
12	Np	M	Np	Np	Np	M	M	**Sp**	**Sp**	**Sp**	M	M
13	M	M	Np	M	M	M	**Sp**	**Sp**	**Sp**	M	M	M
14	M	M	M	M	M	**Sp**	**Sp**	**Sp**	M	M	M	M
15	M	M	M	M	M	**Sp**	**Sp**	**Sp**	M	M	M	M
16	M	**Sp**	M	**Sp**	**Sp**	**Sp**	**Sp**	M	M	M	Np	Np
17	M	**Sp**	M	**Sp**	**Sp**	**Sp**	M	M	Np	Np	Np	Np
18	**Sp**	**Sp**	**Sp**	**Sp**	**Sp**	M	M	M	Np	Np	Np	Np
19	**Sp**	**Sp**	**Sp**	**Sp**	**Sp**	M	M	Np	Np	Np	Np	Np
20	**Sp**	M	**Sp**	M	M	M	Np	Np	Np	Np	M	M
21	**Sp**	M	**Sp**	M	M	Np	Np	Np	M	M	M	M
22	M	M	M	M	Np	Np	Np	Np	M	M	M	M
23	M	Np	M	Np	Np	Np	Np	M	M	M	**Sp**	**Sp**
24	M	Np	M	Np	Np	Np	M	M	M	M	**Sp**	**Sp**
25	Np	Np	Np	Np	Np	M	M	M	**Sp**	**Sp**	**Sp**	**Sp**
26	Np	Np	Np	Np	M	M	M	M	**Sp**	**Sp**	**Sp**	**Sp**
27	Np	M	Np	M	M	M	M	**Sp**	**Sp**	**Sp**	M	M
28	Np	M	Np	M	M	M	**Sp**	**Sp**	**Sp**	**Sp**	M	M
29	M		M	M	M	**Sp**	**Sp**	**Sp**	M	M	M	M
30	M		M	**Sp**	**Sp**	**Sp**	**Sp**	**Sp**	M	M	Np	Np
31	M		M		**Sp**		**Sp**	M		M		Np

Die Springverspätung ist bereits berücksichtigt worden.

112

Jahreswerte der Bezugsorte (in Metern) 2022

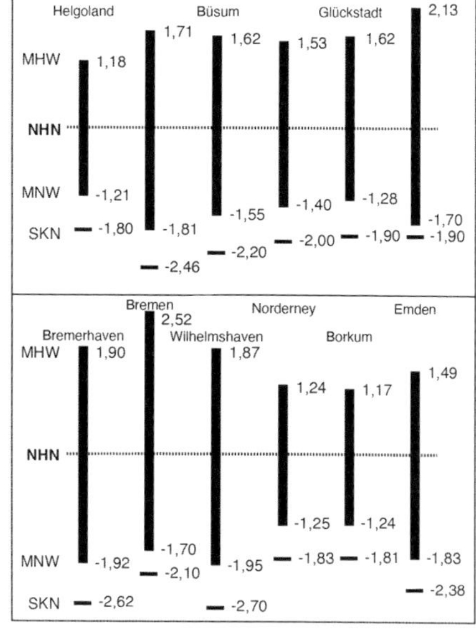

Mittlere Hoch- und Niedrigwasser-Angaben und der mittlere Tidenhub:

In dieser Tabelle wird für die Bezugsorte und die Anschlussorte die Lage des MHW und des MNW bezogen auf Seekartennull (SKN) und Normalhöhennull (NHN) angegeben. Auf diese Angaben beziehen sich auch die **täglichen Wasserstandsvorhersagen** oder die Sturmflutwarnungen.

Bei einigen Anschlussorten erscheint ein Stern anstelle eines Wertes. Er bedeutet, dass für diesen Pegel kein Wert ermittelt werden kann.

Vorausberechnungen der Auf- und Untergangszeiten für Sonne und Mond für den Küstenort Cuxhaven:

Für Küstenbewohner und die Kleinschifffahrt ist es interessant zu wissen, wann die Sonne auf- und untergeht oder der Mond am Himmel zu sehen ist. Als zentraler Ort an der deutschen Nordseeküste wurde Cuxhaven ausgewählt. Die zeitlichen Abweichungen zu den benachbarten Küstenorten bewegen sich nur im Minutenbereich.

Die Zeiten werden in der gesetzlichen Zeit (Mitteleuropäische Zeit, MEZ) bzw. Sommerzeit (MESZ) angegeben.

113

Mittleres Hoch- und Niedrigwasser (in Metern)

Ort	MHW		MTH	MNW	
	NHN	SKN		NHN	SKN
Nordfriesische Inseln und Küste					
Helgoland, Binnenhafen	**1,2**	**3,0**	**2,4**	**-1,2**	**0,6**
Fino 3	0,4	1,3	0,8	-0,4	0,5
Römö Havn (Havneby)	*	2,1	1,8	*	0,4
Hojer, Schleuse	1,0	1,9	1,4	-0,4	0,5
Sylt					
List, West	0,8	2,3	1,6	-0,9	0,6
List, Hafen	0,9	2,4	1,8	-0,9	0,6
Munkmarsch c	0,9	2,4	1,9	-0,9	0,6
Westerland	0,9	2,4	1,9	-1,0	0,5
Hörnum, West	1,0	2,6	2,0	-1,0	0,6
Vortrapptief					
Amrum Odde, Amrum	1,0	2,6	2,1	-1,1	0,5
Hörnum, Sylt, Hafen	1,0	2,6	2,1	-1,0	0,5
Hörnumtief					
Rantumdamm, Sylt c	1,2	2,6	2,1	-1,0	0,5
Osterley	1,4	3,1	2,6	-1,2	0,5
Föhrer Ley, Nord	1,3	3,1	2,5	-1,2	0,6
Norderaue					
Wittdün, Amrum, Hafen	1,3	3,3	2,7	-1,4	0,6
Wyk, Föhr	1,4	3,5	2,9	-1,5	0,6
Südwesthörn a	1,4	3,4	*	*	*
Dagebüll	1,4	3,7	3,0	-1,6	0,7
Süderaue					
Langeness, Hilligenley	1,4	3,4	2,9	-1,5	0,5
Hooge, Anleger	1,4	3,5	2,9	-1,5	0,7
Gröde, Anleger a	1,6	3,8	*	*	*

* Wert unbekannt

a Niedrigwasser trockenfallend

c Niedrigwasser teilweise trockenfallend

120

Cuxhaven 2022

Auf- und Untergangszeiten von Sonne (⊙) und Mond (☾)

Tag	Januar ⊙ A	⊙ U	☾ A	☾ U	Tag	Februar ⊙ A	⊙ U	☾ A	☾ U
1 Sa	8:43	16:14	7:33	14:31	1 Di ●	8:12	17:06	9:01	17:08
2 So ●	8:43	16:15	8:54	15:28	2 Mi	8:10	17:08	9:23	18:39
3 Mo	8:43	16:17	9:55	16:44	3 Do	8:08	17:10	9:39	20:06
4 Di	8:42	16:18	10:36	18:13	4 Fr	8:06	17:12	9:52	21:28
5 Mi	8:42	16:19	11:03	19:44	5 Sa	8:05	17:14	10:04	22:47
6 Do	8:42	16:21	11:21	21:11	**6 So**	8:03	17:16	10:15	
7 Fr	8:41	16:22	11:36	22:33	7 Mo	8:01	17:18	10:26	0:03
8 Sa	8:41	16:23	11:47	23:51	8 Di ◐	7:59	17:20	10:40	1:19
9 So ◐	8:40	16:25	11:58		9 Mi	7:57	17:22	10:57	2:33
10 Mo	8:39	16:26	12:09	1:06	10 Do	7:55	17:24	11:19	3:47
11 Di	8:39	16:28	12:21	2:20	11 Fr	7:53	17:26	11:49	4:56
12 Mi	8:38	16:29	12:35	3:34	12 Sa	7:51	17:28	12:31	5:58
13 Do	8:37	16:31	12:54	4:48	**13 So**	7:49	17:30	13:26	6:49
14 Fr	8:36	16:33	13:19	5:59	14 Mo	7:47	17:32	14:33	7:27
15 Sa	8:35	16:34	13:53	7:06	15 Di	7:45	17:34	15:48	7:56
16 So	8:34	16:36	14:39	8:05	16 Mi ○	7:43	17:36	17:07	8:17
17 Mo	8:33	16:38	15:39	8:51	17 Do	7:41	17:38	18:26	8:33
18 Di ○	8:32	16:40	16:48	9:26	18 Fr	7:38	17:40	19:46	8:46
19 Mi	8:31	16:41	18:04	9:52	19 Sa	7:36	17:42	21:07	8:58
20 Do	8:30	16:43	19:22	10:11	**20 So**	7:34	17:44	22:29	9:09
21 Fr	8:28	16:45	20:40	10:26	21 Mo	7:32	17:46	23:54	9:21
22 Sa	8:27	16:47	21:59	10:38	22 Di	7:30	17:48		9:35
23 So	8:26	16:49	23:18	10:50	23 Mi ◑	7:27	17:50	1:21	9:54
24 Mo	8:24	16:51		11:01	24 Do	7:25	17:52	2:50	10:20
25 Di ◑	8:23	16:53	0:40	11:14	25 Fr	7:23	17:54	4:14	10:59
26 Mi	8:21	16:55	2:06	11:30	26 Sa	7:21	17:56	5:27	11:55
27 Do	8:20	16:56	3:35	11:51	**27 So**	7:18	17:58	6:22	13:10
28 Fr	8:18	16:58	5:05	12:22	28 Mo	7:16	18:00	7:00	14:37
29 Sa	8:17	17:00	6:29	13:08					
30 So	8:15	17:02	7:38	14:14					
31 Mo	8:13	17:04	8:28	15:37					

● Neumond ◐ erstes Viertel ○ Vollmond ◑ letztes Viertel

Mitteleuropäische Zeit

Beobachtete höchste und niedrigste Hoch- und Niedrigwasserstände:

Für 15 geographisch wichtige Orte an der Küste und den Tideflüssen sind in nebenstehender Tabelle extreme Wasserstände der letzten 100 Jahre aufgelistet.

Für weitere Orte sind extreme Wasserstände im »Deutschen Gewässerkundlichen Jahrbuch«, Kapitel W veröffentlicht.

Beobachtete höchste und niedrigste Hoch- und Niedrigwasserstände

	Die Höhen sind auf NN bezogen.							
	Höchste HW		Niedrigste HW		Höchste NW		Niedrigste NW	
	am	Höhe	am	Höhe	am	Höhe	am	Höhe
Helgoland	16.02.1962	3,87	07.12.1959	-1,15	06.11.1985	1,61	15.03.1964	-3,42
List	24.11.1981	4,05	07.12.1959	-1,62	26.01.1990	2,60	15.03.1964	-3,54
Dagebüll	24.11.1981	4,72	07.12.1959	-1,23	26.01.1990	2,57	31.12.1978	-3,70
Husum	03.01.1976	5,61	18.11.1916	-1,33	10.02.1949	3,17	07.12.1959	-3,20
Büsum	03.01.1976	5,15	18.11.1916	-1,86	23.02.1967	2,84	02.03.1987	-4,30
Cuxhaven	03.01.1976	5,10	16.01.1905	-1,59	23.02.1967	2,63	06.03.1881	-4,02
Brunsbüttel	03.01.1976	5,42	07.12.1959	-1,31	23.02.1967	3,09	25.01.1937	-3,64
Glückstadt	03.01.1976	5,83	16.01.1905	-1,62	23.02.1967	3,39	25.01.1937	-3,72
Hamburg	03.01.1976	6,45	17.01.1905	-1,77	23.02.1967	3,78	02.03.1987	-3,48
Bremerhaven	16.02.1962	5,37	16.01.1905	-1,44	17.02.1962	2,10	15.03.1964	-4,17
Bremen	17.02.1962	5,35	16.01.1905	-1,33	06.11.1985	1,65	15.03.1964	-3,22
Wilhelmshaven	16.02.1962	5,23	16.01.1905	-1,35	23.12.1894	2,37	16.02.1900	-4,39
Norderney	16.02.1962	4,09	01.11.1920	-1,57	06.11.1985	2,02	15.03.1964	-3,00
Borkum	16.02.1962	3,78	14.03.1964	-0,77	06.11.1985	1,77	15.03.1964	-3,45
Emden	13.03.1906	5,18	16.01.1905	-1,32	23.12.1954	2,01	15.03.1964	-3,80

Ortsverzeichnis:

Das Ortsverzeichnis bietet die Möglichkeit, einen bestimmten Ort in den verschiedenen Tabellen zu finden.

Ortsverzeichnis

Seite

Umrechnungstabelle Knoten ↔ km/h:

Mit dieser Tabelle können Geschwindigkeiten in Knoten oder km/h umgerechnet werden.

Knoten	km/h
5	9,3
10	18,5
15	27,8
20	37,0
25	46,3
30	55,6
35	64,8
40	74,1
45	83,3
50	92,6

1 Knoten = 1,852 km/h

km/h	Knoten
5	2,7
10	5,4
15	8,1
20	10,8
25	13,5
30	16,2
35	18,9
40	21,6
45	24,3
50	27,0

1 km/h = 0,53996 kn

Windstärkentabelle:

In dieser Tabelle können die Bezeichnung und die unterschiedlichen Geschwindigkeitsangaben der Windstärken nachgeschlagen werden.

Windstärke nach Beaufort

Übersichtstabelle über Windstärken und Windgeschwindigkeiten

Beaufort	mittlere Windgeschwindigkeit			Bezeichnung der Windstärke
	m/s	km/h	kn	
0	0-0,2	<1	<1	Windstille
1	0,3-1,5	1-5	1-3	leiser Zug
2	1,6-3,3	6-11	4-6	leise Brise
3	3,4-5,4	12-19	7-10	schwache Brise
4	5,5-7,9	20-28	11-16	mäßige Brise
5	8,0-10,7	29-38	17-21	frische Brise
6	10,8-13,8	39-49	22-27	starker Wind
7	13,9-17,1	50-61	28-33	steifer Wind
8	17,2-20,7	62-74	34-40	stürmischer Wind
9	20,8-24,4	75-88	41-47	Sturm
10	24,5-28,4	89-102	48-55	schwerer Sturm
11	28,5-32,6	103-117	56-63	orkanartiker Sturm
12	ab 32,7	ab 118	ab 64	Orkan

8.3 Gezeitentafeln

Die *deutschen Gezeitentafeln* sind ein umfangreiches Werk mit den unterschiedlichsten Tabellen, die alljährlich neu erscheinen und hauptsächlich für die Berufsschifffahrt gedacht sind. Die *Gezeitentafeln* decken nicht nur das Tidegebiet der deutschen Nordseeküste ab, sondern auch die gesamten europäischen Länder, Ostgrönland und die südlichen Kanarischen Inseln. Für alle unter deutscher Flagge fahrenden Berufsschiffe sind die deutschen **Gezeitentafeln ausrüstungspflichtig**. Im Gegensatz zu dem *Gezeitenkalender* werden in den *Gezeitentafeln* neben den Eintrittszeiten der Hoch- und Niedrigwasser auch die Höhen angegeben. Das ermöglicht der Schifffahrt, die zu erwartenden Wassertiefen zu einem bestimmten Zeitpunkt zu entnehmen. Für die Schifffahrt ist es von großer Bedeutung, zu wissen, wann eine Barre bzw. Sandbank passiert werden kann oder z. B. ein Tiefgangsschiff den alten Hamburger Elbtunnel überfahren darf. Mithilfe der Gezeitentafeln, der Seekarte und einem Sicheheitszuschlag kann der Kapitän oder Lotse an Bord die Wassertiefe zu einer bestimmten Zeit und Ort berechnen und so seine Route im Voraus planen.

Die Gezeitentafeln sind folgendermaßen aufgebaut:

Allgemeine Informationen und Begriffsbestimmungen:
Hier werden wichtige Hinweise oder Änderungen für die Benutzung der Gezeitentafeln *erläutert. In Kurzform werden die wichtigsten Begriffe aus der* Gezeitenkunde *aufgeführt und erklärt.*

Beispielaufgaben:
Die Beispielaufgaben dienen dem Verständnis, wie die einzelnen Gezeitentafeln *zu verwenden sind. Die Aufgaben werden alljährlich mit Beispielen aus den* Gezeitentafeln *aktualisiert.*

Teil I
Ausführliche Vorausberechnungen der Bezugsorte:

Es werden für **38 Orte** ausführliche Vorausberechnungen errechnet, die als **Bezugsorte** bezeichnet werden. Die Zeiten der Bezugsorte werden in der gesetzlichen Zeit des jeweiligen Landes angegeben. Hierfür steht die Zeitzone, in der sich der Bezugsort befindet, in der Fußnote. Die Sommerzeit wird nicht berücksichtigt.

Die Höhen der Gezeit sind auf das örtliche Seekartennull (SKN) bezogen. Die meisten Länder verwenden als Grundlage zur Festlegung des Seekartennulls den örtlichen niedrigsten Gezeitenwasserstand, NGzW. Als zusätzliche Information sind die Vorausberechnungen mit den Mondphasensymbolen versehen.

Gezeitenvorausberechnungen / Tidal predictions | 51

Wilhelmshaven, Alter Vorhafen 2022

Breite / Latitude 53° 31' N **Länge** / Longitude 8° 09' E

Zeiten und Höhen der Hoch- und Niedrigwasser / Times and heights of high and low waters

Januar / January

Tag	h:min	m	Tag	h:min	m
1 Sa	4 46 11 05 17 19 23 37	0,8 4,6 0,7 4,6	16 So	5 41 11 56 18 02	0,9 4,4 0,9
2 So	5 50 12 09 18 21	0,6 4,6 0,6	17 Mo	0 14 6 29 12 41 18 45	4,6 0,8 4,4 0,8
3 Mo	0 33 6 49 13 07 19 16	4,7 0,5 4,6 0,6	18 Di	0 54 7 10 13 22 19 24	4,6 0,7 4,5 0,7
4 Di	1 25 7 44 14 01 20 09	4,8 0,5 4,7 0,7	19 Mi	1 31 7 48 14 00 20 01	4,7 0,6 4,5 0,6
5 Mi	2 15 8 37 14 54 20 58	4,9 0,4 4,6 0,7	20 Do	2 08 8 25 14 37 20 37	4,7 0,6 4,5 0,6
6 Do	3 04 9 27 15 42 21 41	4,9 0,4 4,6 0,6	21 Fr	2 43 9 01 15 12 21 10	4,8 0,5 4,4 0,6
7 Fr	3 49 10 11 16 24 22 19	4,9 0,5 4,5 0,7	22 Sa	3 16 9 35 15 48 21 43	4,8 0,5 4,4 0,6
8 Sa	4 30 10 52 17 04 22 55	4,9 0,6 4,4 0,8	23 So	3 53 10 11 16 27 22 21	4,8 0,5 4,4 0,6
9 So	5 14 11 34 17 45 23 36	4,8 0,7 4,3 0,9	24 Mo	4 34 10 50 17 08 23 00	4,7 0,5 4,4 0,6
10 Mo	5 59 12 17 18 28	4,7 0,9 4,2	25 Di	5 14 11 25 17 48 23 38	4,7 0,5 4,3 0,7
11 Di	0 22 6 49 13 02 19 19	1,0 4,6 1,0 4,2	26 Mi	5 56 12 03 18 31	4,5 0,6 4,2
12 Mi	1 16 7 47 13 58 20 20	1,1 4,4 1,1 4,2	27 Do	0 25 6 51 12 58 19 33	0,8 4,4 0,8 4,2
13 Do	2 23 8 55 15 05 21 29	1,1 4,4 1,2 4,2	28 Fr	1 33 8 05 14 14 20 49	0,9 4,3 0,9 4,2
14 Fr	3 37 10 04 16 14 22 34	1,1 4,4 1,1 4,4	29 Sa	2 57 9 29 15 39 22 08	0,9 4,4 0,9 4,4
15 Sa	4 44 11 04 17 13 23 28	1,0 4,4 1,0 4,5	30 So	4 21 10 50 17 00 23 20	0,8 4,4 0,8 4,5
			31 Mo	5 37 12 03 18 11	0,7 4,6 0,7

Februar / February

Tag	h:min	m	Tag	h:min	m
1 Di	0 24 6 43 13 06 19 12	4,7 0,5 4,8 0,7	16 Mi	0 37 6 50 13 07 19 07	4,6 0,6 4,4 0,6
2 Mi	1 19 7 41 13 59 20 03	4,8 0,4 4,8 0,6	17 Do	1 15 7 30 13 47 19 47	4,6 0,5 4,5 0,5
3 Do	2 07 8 31 14 45 20 48	5,0 0,4 4,8 0,6	18 Fr	1 53 8 08 14 24 20 24	4,7 0,4 4,5 0,4
4 Fr	2 51 9 16 15 26 21 26	5,0 0,4 4,6 0,5	19 Sa	2 29 8 45 15 00 20 58	4,7 0,3 4,5 0,4
5 Sa	3 32 9 54 16 02 21 59	5,0 0,4 4,5 0,5	20 So	3 04 9 20 15 34 21 32	4,8 0,3 4,5 0,4
6 So	4 10 10 30 16 35 22 31	4,9 0,5 4,4 0,6	21 Mo	3 40 9 55 16 10 22 07	4,8 0,3 4,5 0,4
7 Mo	4 46 11 03 17 08 23 03	4,8 0,6 4,4 0,6	22 Di	4 18 10 30 16 46 22 42	4,7 0,4 4,4 0,4
8 Di	5 21 11 33 17 39 23 34	4,7 0,7 4,3 0,7	23 Mi	4 56 11 02 17 20 23 14	4,6 0,4 4,4 0,5
9 Mi	5 56 12 02 18 14	4,5 0,9 4,2	24 Do	5 34 11 34 18 00 23 56	4,5 0,6 4,3 0,7
10 Do	0 11 6 42 12 44 19 00	0,9 4,2 1,1 4,1	25 Fr	6 27 12 26 19 01	4,3 0,8 4,2
11 Fr	1 10 7 49 13 52 20 25	1,1 4,1 1,2 4,1	26 Sa	1 03 7 45 13 46 20 24	0,8 4,2 1,0 4,2
12 Sa	2 32 9 13 15 17 21 48	1,1 4,1 1,2 4,2	27 So	2 35 9 18 15 22 21 54	0,9 4,2 1,0 4,4
13 So	4 00 10 32 16 36 22 59	1,0 4,2 1,1 4,3	28 Mo	4 10 10 46 16 51 23 13	0,8 4,3 0,9 4,6
14 Mo	5 12 11 35 17 36 23 53	0,8 4,3 0,9 4,5			
15 Di	6 07 12 25 18 24	0,7 4,4 0,7			

März / March

Tag	h:min	m	Tag	h:min	m
1 Di	5 31 12 02 18 04	0,8 4,4 0,8	16 Mi	5 39 12 03 18 00	0,6 4,3 0,7
2 Mi	0 18 6 37 13 02 19 02	4,7 0,5 4,5 0,6	17 Do	0 13 6 25 12 46 18 44	4,5 0,4 4,4 0,5
3 Do	1 11 7 32 13 49 19 50	4,9 0,4 4,8 0,6	18 Fr	0 53 7 06 13 26 19 26	4,6 0,3 4,5 0,4
4 Fr	1 54 8 17 14 27 20 28	5,0 0,3 4,6 0,5	19 Sa	1 31 7 46 14 04 20 05	4,7 0,2 4,6 0,3
5 Sa	2 32 8 53 15 01 21 01	5,0 0,3 4,6 0,4	20 So	2 09 8 23 14 39 20 40	4,8 0,2 4,8 0,3
6 So	3 08 9 26 15 32 21 32	4,9 0,4 4,6 0,4	21 Mo	2 46 8 59 15 14 21 14	4,8 0,2 4,6 0,3
7 Mo	3 43 9 57 16 02 22 02	4,8 0,4 4,5 0,4	22 Di	3 22 9 33 15 48 21 48	4,8 0,3 4,6 0,3
8 Di	4 17 10 26 16 30 22 30	4,7 0,5 4,4 0,4	23 Mi	4 01 10 07 16 23 22 22	4,7 0,3 4,5 0,3
9 Mi	4 46 10 50 16 55 22 53	4,5 0,6 4,3 0,5	24 Do	4 40 10 39 16 59 22 57	4,5 0,4 4,4 0,4
10 Do	5 13 11 10 17 22 23 20	4,3 0,8 4,2 0,8	25 Fr	5 24 11 16 17 44 23 43	4,4 0,6 4,3 0,8
11 Fr	5 50 11 43 18 10	4,1 1,0 4,1	26 Sa	6 21 12 11 18 46	4,2 0,9 4,3
12 Sa	0 10 6 53 12 48 19 27	1,0 3,9 1,2 4,0	27 So	0 53 7 42 13 35 20 15	0,7 4,1 1,1 4,3
13 So	1 34 8 24 14 21 21 02	1,1 3,8 1,2 4,0	28 Mo	2 28 9 18 15 14 21 48	0,8 4,1 1,1 4,4
14 Mo	3 13 9 57 15 56 22 26	1,0 4,0 1,1 4,2	29 Di	4 06 10 46 16 42 23 06	0,7 4,2 0,9 4,6
15 Di	4 39 11 11 17 06 23 27	0,8 4,2 0,9 4,4	30 Mi	5 24 11 54 17 48	0,5 4,4 0,7
			31 Do	0 05 6 22 12 46 18 40	4,8 0,4 4,5 0,8

April / April

Tag	h:min	m	Tag	h:min	m
1 Fr	0 53 7 10 13 27 19 25	4,9 0,3 4,5 0,5	16 Sa	0 22 6 33 12 56 18 56	4,7 0,3 4,8 0,4
2 Sa	1 34 7 50 14 02 20 01	4,9 0,3 4,6 0,4	17 So	1 03 7 16 13 35 19 37	4,8 0,2 4,6 0,3
3 So	2 09 8 23 14 31 20 32	4,9 0,3 4,6 0,3	18 Mo	1 43 7 54 14 13 20 16	4,8 0,2 4,7 0,2
4 Mo	2 42 8 52 15 00 21 01	4,8 0,4 4,6 0,3	19 Di	2 23 8 33 14 49 20 52	4,8 0,2 4,7 0,2
5 Di	3 15 9 21 15 29 21 31	4,7 0,4 4,5 0,3	20 Mi	3 04 9 09 15 26 21 28	4,7 0,3 4,6 0,2
6 Mi	3 47 9 49 15 56 21 59	4,5 0,5 4,5 0,4	21 Do	3 47 9 45 16 04 22 06	4,6 0,3 4,6 0,2
7 Do	4 15 10 12 16 21 22 23	4,4 0,6 4,4 0,5	22 Fr	4 32 10 22 16 47 22 49	4,4 0,5 4,5 0,3
8 Fr	4 42 10 33 16 48 22 50	4,2 0,8 4,3 0,7	23 Sa	5 23 11 07 17 39 23 43	4,3 0,7 4,4 0,5
9 Sa	5 16 11 04 17 31 23 35	4,0 1,0 4,2 0,9	24 So	6 25 12 08 18 47	4,1 0,9 4,4
10 So	6 14 12 03 18 43	3,9 1,2 4,1	25 Mo	0 56 7 43 13 29 20 10	0,6 4,1 1,0 4,4
11 Mo	0 50 7 40 13 33 20 15	1,1 3,8 1,2 4,1	26 Di	2 24 9 12 15 01 21 37	0,7 4,1 1,0 4,6
12 Di	2 27 9 15 15 10 21 43	1,0 3,9 1,1 4,2	27 Mi	3 54 10 33 16 22 22 49	0,6 4,2 0,8 4,7
13 Mi	3 56 10 34 16 29 22 49	0,7 4,1 0,9 4,4	28 Do	5 05 11 33 17 22 23 43	0,5 4,3 0,7 4,8
14 Do	5 01 11 30 17 24 23 38	0,5 4,3 0,7 4,6	29 Fr	5 55 12 18 18 09	0,4 4,5 0,6
15 Fr	5 49 12 15 18 11	0,3 4,5 0,5	30 Sa	0 27 6 38 12 57 18 53	4,8 0,4 4,5 0,5

● **Neumond** / New moon ◐ **erstes Viertel** / First quarter ○ **Vollmond** / Full moon ◑ **letztes Viertel** / Last quarter

UTC+ 1h00min (MEZ) **Höhen sind auf SKN bezogen** / Heights are referenced to CD

Für jeden deutschen Bezugsort gibt es einen **Lageplan**, der das Gebiet der zugehörigen Anschlussorte umfasst.

Zu jedem Bezugsort werden die jeweiligen **Tidenkurven** abgebildet. Diese Abbildung zeigt zum einen die Charakteristik der Spring-, Mitt- und Nipptide des Ortes, zum anderen ermöglicht sie, Zwischenwerte (eine Zeit oder eine Höhe) vor oder nach einem Hochwassereintritt abzulesen.

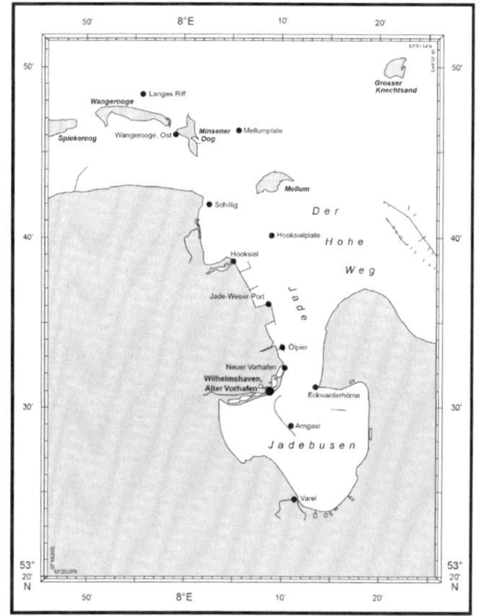

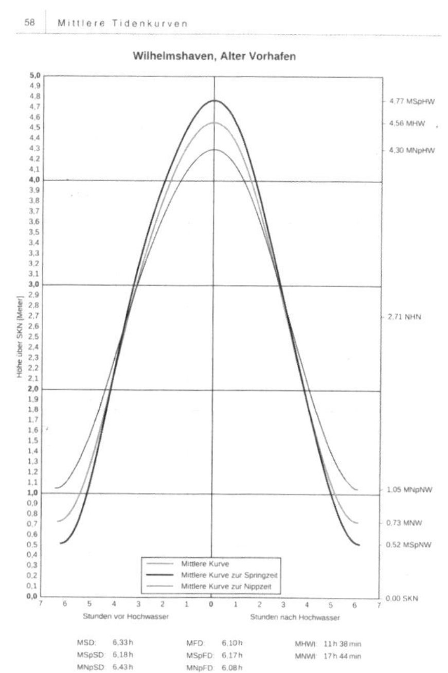

Teil II
Mittlere Gezeitenunterschiede der Anschlussorte:

Von etwa **730 Orten** werden die mittleren Zeit- und Höhenunterschiede gegen den jeweiligen Bezugsort angegeben. Diese bezeichnet man als Anschlussorte. Das Anbringen der Zeitunterschiede liefert stets die Zeit des **Anschlussortes** in der gesetzlichen Zeit des jeweiligen Landes. Eine Sommerzeit wird nicht berücksichtigt. Bei den Höhenunterschieden wird zwischen Spring- und Nippzeit unterschieden. Dabei ist die Tafel 2 aus dem Teil IV zu berücksichtigen.

182 | Gezeitenunterschiede

Nr.	Ort	Geographische Lage		mittlere Zeitunterschiede				mittlere Höhenunterschiede			
		Breite	Länge	HW		NW		HW		NW	
		° '	° '	h min	Tf 6	h min	Tf 6	m	m	m	m
	Bezugsort:							Mittlere Höhen des Bezugsortes			
612	**Wilhelmshaven, Alter Vorhafen**							**SpHW**	**NpHW**	**SpNW**	**NpNW**
	(Seite 51-53)	**53°31'N**	**8°09'E**					**4,8**	**4,3**	**0,5**	**1,1**
	UTC + 1 h 00min										
		N	E								
	Jadegebiet										
754	Wangerooge, Langes Riff, Nord	53 48	7 56	-1 06		-0 36		-1,1	-1,0	-0,1	-0,2
756	Wangerooge, Ost	53 46	7 59	-0 52		-0 28		-1,0	-0,9	-0,1	-0,1
760	Mellumplate, Leuchtturm	53 46	8 06	-0 42		-0 17		-0,9	-0,8	0,0	-0,1
761	Schillig	53 42	8 03	-0 29		-0 14		-0,6	-0,6	0,0	-0,1
764 B	Hooksielplate	53 40	8 09	-0 17		-0 07		-0,5	-0,4	0,0	0,0
765	Hooksiel	53 39	8 05	-0 20		-0 08		-0,5	-0,4	0,0	-0,1
768	Jade-Weser-Port	53 38	8 09	-0 12		-0 04		-0,4	-0,4	-0,1	-0,1
769	Wilhelmshaven, Ölpier	53 34	8 10	-0 07		-0 03		-0,1	-0,1	0,0	0,0
770	Wilhelmshaven, Neuer Vorhafen	53 32	8 10	-0 03		-0 02		-0,1	-0,1	0,0	0,0
	Jadebusen										
771	Eckwarderhörne	53 31	8 14	+0 01		+0 02		*	*	*	*
773	Arngast, Leuchtturm	53 29	8 12	+0 03		+0 03		0,0	0,0	0,0	0,0
776	Vareler Schleuse o)	53 25	8 11	+0 13		*		-0,2	-0,1	*	*
	Bezugsort:							Mittlere Höhen des Bezugsortes			
111	**Norderney, Riffgat**							**SpHW**	**NpHW**	**SpNW**	**NpNW**
	(Seite 56-58)	**53°42'N**	**7°09'E**					**3,2**	**2,9**	**0,4**	**0,8**
	Ostfriesische Inseln und Küste										
777	Wangerooge, Hafen	53 47	7 52	+0 30		+0 36		+0,5	+0,5	+0,1	+0,1
778	Harlesiel s)	53 42	7 49	+0 31		+1 29		+0,5	+0,4	+0,4	+0,2
780 A	Otzumer Balje, Tonne	53 48	7 38	-0 06		*		*	*	*	*
779	Spiekeroog, ehem. Landungsbrücke	53 45	7 41	+0 22		+0 25		+0,3	+0,3	0,0	+0,1
780	Neuharlingersiel	53 42	7 42	+0 24		+0 29		+0,2	+0,2	-0,1	-0,1
781 A	Accumer Ee, Tonne	53 47	7 25	-0 11		*		*	*	*	*
781	Langeoog, Hafeneinfahrt	53 43	7 30	+0 19		+0 14		+0,2	+0,2	0,0	0,0
782	Bensersiel	53 40	7 35	+0 24		+0 20		+0,4	+0,3	0,0	+0,1
783	Dornumer-Accumersiel	53 41	7 29	+0 21		+0 17		+0,4	+0,3	+0,1	+0,1
784	Baltrum, Westende	53 43	7 22	-0 03		+0 13		+0,2	+0,2	+0,2	+0,2
785	Neßmersiel o)	53 41	7 22	+0 23		*		+0,3	+0,2	*	*
788	Norderney, Seeseite	53 44	7 15	-0 12		-0 13		*	*	*	*
789	Schluchter, Tonne	53 45	7 02	-0 22		*		*	*	*	*
790 A	Norddeich, Westerriede	53 39	7 09	-0 04		+0 10		+0,1	+0,1	+0,1	+0,1
	Juist										
793	Juist, Seeseite	53 41	7 00	-0 32		-0 33		*	*	*	*
794	Juist, Hafen	53 40	7 00	0 00		-0 05		0,0	0,0	0,0	0,0
796 C	Leyhörn, Leybucht r)	53 33	7 02	+0 05		+0 06		+0,1	+0,2	+0,2	0,0
	Bezugsort:							Mittlere Höhen des Bezugsortes			
101	**Borkum, Fischerbalje**							**SpHW**	**NpHW**	**SpNW**	**NpNW**
	(Seite 61-63)	**53°33'N**	**6°45'E**					**3,1**	**2,8**	**0,4**	**0,8**
797	Osterems, Tonne	53 42	6 36	-0 27		*		*	*	*	*
798	Borkum, Südstrand	53 35	6 40	-0 17		-0 10		-0,1	-0,1	-0,1	-0,1
	Emsgebiet										
799	Emshörn	53 30	6 50	+0 11		+0 20		+0,2	+0,2	0,0	0,0

* Keine Angaben
o) Niedrigwasser trockenfallend
r) Niedrigwasser teilweise trockenfallend

Das Anbringen der Höhenunterschiede ist stets auf das örtliche Seekartennull (SKN) des Anschlussortes bezogen.

Die Orte sind nach Ländern in geographischer Reihenfolge von Norden nach Süden angeordnet, d. h. der Teil II beginnt mit Ostgrönland und endet mit den Kanarischen Inseln.

Deutsche Anschlussorte:
Die Unterschiede sind mittlere Werte, die aus einer fünfjährigen Beobachtungsreihe abgeleitet werden und im Einzelfall innerhalb eines Tages eine Ungenauigkeit von +/- 10 Minuten in der Zeit und +/- 20 cm in der Höhe zur ausführlichen Vorausberechnung aufweisen können. Bei einigen Anschlussorten ist ein Stern anstelle eines Wertes angegeben. Er bedeutet, dass für diesen Pegel kein Wert ermittelt werden kann.

Ausländische Anschlussorte:
Als Quelle für diese Unterschiede werden 13 ausländische *Gezeitentafeln* ausgewertet. Über die Genauigkeit der Daten kann keine Aussage gemacht werden, aber für die Belange der Schifffahrt werden die Werte hinreichend genau sein. Für einige Anschlussorte ist die Fußnote auf derselben Seite zu beachten.

Teil III
Mittlere Hoch- und Niedrigwasserwerte der deutschen Orte:

Für alle deutschen Orte werden die mittleren Hoch- und Niedrigwasserwerte auf einen Zentimeter [cm] genau angegeben. In Verbindung mit der täglichen Wasserstandsvorhersage des Bundesamtes für Seeschifffahrt und Hydrographie ist diese Tabelle wichtig zur Bestimmung der Wassertiefe.

Die **Wasserstandsvorhersage** bezieht sich auf das mittlere Hochwasser (MHW) bzw. Niedrigwasser (MNW).

196 | Mittleres Hoch- und Niedrigwasser

Nr.	Ort	Breite Nord ° ′	Länge Ost ° ′	MHW ü. NHN m	MHW ü. SKN m	MTH m	MNW ü. NHN m	MNW ü. SKN m
	Nordfriesische Inseln und Küste							
509 A	**Helgoland, Binnenhafen**	**54 11**	**7 53**	**1,18**	**2,98**	**2,39**	**-1,21**	**0,59**
606	Fino 3	55 12	7 10	0,37	1,30	0,82	-0,45	0,48
610	Fino 1	54 01	6 35	0,80	2,17	1,71	-0,91	0,46
	Sylt							
617	List, Hafen	55 01	8 26	0,91	2,36	1,80	-0,89	0,56
618	Munkmarsch	54 55	8 22	0,94	2,44	1,87	-0,93	0,57
620	Westerland	54 55	8 16	0,88	2,38	1,85	-0,97	0,53
624 A	Hörnum, West	54 45	8 16	1,01	2,60	2,04	-1,03	0,56
	Vortrapptief							
622	Amrum Odde, Amrum	54 42	8 20	1,02	2,59	2,12	-1,10	0,47
624	Hörnum, Sylt, Hafen	54 45	8 18	1,03	2,60	2,06	-1,03	0,54
	Hörnumtief							
623 A	Rantumdamm, Sylt	54 52	8 19	1,17	2,62	2,13	-0,96	0,49
628 A	Osterley	54 51	8 34	1,37	3,11	2,57	-1,20	0,54
629 B	Föhrer Ley, Nord	54 48	8 34	1,27	3,07	2,45	-1,18	0,62
	Norderaue							
631	Wittdün, Amrum, Hafen	54 38	8 23	1,26	3,26	2,67	-1,41	0,59
632	Wyk, Föhr	54 42	8 35	1,35	3,50	2,89	-1,54	0,61
635	Dagebüll	54 44	8 41	1,42	3,69	3,04	-1,62	0,65
	Süderaue							
636 F	Hooge, Anleger	54 35	8 33	1,38	3,51	2,86	-1,48	0,65
637	Gröde, Anleger	54 38	8 44	1,62	3,82	*	*	*
638	Schlüttsiel	54 41	8 45	1,64	3,93	3,26	-1,62	0,67
642 E	Pellworm, Hoogerfähre	54 32	8 36	1,44	3,56	2,81	-1,37	0,77
642 C	Rummelloch, West	54 29	8 32	1,37	3,42	2,82	-1,45	0,60
	Norderhever							
645	Süderoogsand	54 25	8 31	1,37	3,52	2,92	-1,55	0,60
647 A	Pellworm, Anleger	54 30	8 42	1,54	3,91	3,25	-1,71	0,66
649	Strucklahnungshörn, Nordstrand, AP	54 30	8 48	1,57	4,07	3,34	-1,77	0,73
649 B	Holmer Siel	54 32	8 52	1,59	3,99	3,39	-1,80	0,60
637 A	Der Strand, Hamburger Hallig	54 37	8 47	1,58	4,04	3,38	-1,80	0,66
	Heverstrom							
653	Südfall, Fahrwasserkante	54 27	8 45	1,66	3,93	3,26	-1,70	0,67
510	**Husum, Schleuse**	**54 28**	**9 01**	**1,71**	**4,17**	**3,62**	**-1,81**	**0,65**
	Eider							
664	Eider-Sperrwerk, Außenpegel	54 16	8 51	1,45	3,45	2,92	-1,47	0,53
666	Blauort, Norderpiep	54 10	8 40	1,57	3,72	3,02	-1,45	0,70
505	**Büsum, Schleuse**	**54 07**	**8 52**	**1,62**	**3,82**	**3,17**	**-1,55**	**0,65**

Teil IV
Hilfstafeln:

Die fünf Hilfstafeln im Teil IV enthalten zusätzliche wichtige Informationen oder Werte zur richtigen Anwendung der Gezeitenunterschiede der Anschlussorte.

Tafel 1 enthält Gezeitengrundwerte von den Bezugsorten und Angaben über die Art der Berechnungen und deren Quelle.

202 | Tafel 1

Tafel 1

Gezeitengrundwerte europäischer Bezugsorte. 2022

Seite	Bezugsort	MHWI h min	MNWI h min	MSD h min	MFD h min	MSpHW m	MNpHW m	MSpNW m	MNpNW m	Art der Voraus-berechnung	Voraus-berechnung durch
2	Narvik	11 32	17 58	6 0	6 25	3.20	2.49	0.49	1.20	H.V.	NO
6	Bergen	9 48	15 53	6 21	6 4	1.52	1.19	0.29	0.62	H.V.	NO
10	Helgoland	10 35	17 20	5 40	6 45	3.14	2.78	0.44	0.83	HDdU	DE
15	Husum	12 33	16 49	6 9	6 16	4.36	3.91	0.48	0.92	HDdU	DE
20	Büsum	11 33	17 47	6 11	6 14	4.01	3.58	0.46	0.92	HDdU	DE
25	Cuxhaven	11 54	18 40	5 39	6 46	3.72	3.30	0.45	0.84	HDdU	DE
30	Brunsbüttel	12 58	19 59	5 24	7 1	3.66	3.26	0.49	0.75	HDdU	DE
35	Hamburg	15 22	22 29	5 18	7 7	4.21	3.82	0.13	0.32	HDdU	DE
40	Bremerhaven	12 3	18 17	6 11	6 14	4.71	4.27	0.49	1.02	HDdU	DE
45	Bremen	13 43	20 45	5 23	7 2	4.88	4.32	0.26	0.58	HDdU	DE
50	Wilhelmshaven	11 37	17 43	6 19	6 6	4.78	4.29	0.52	1.08	HDdU	DE
55	Norderney	10 11	16 32	6 4	6 21	3.23	2.87	0.41	0.83	HDdU	DE
60	Borkum	9 47	16 5	6 7	6 18	3.12	2.82	0.42	0.81	HDdU	DE
65	Emden	11 13	17 15	6 23	6 2	4.04	3.69	0.37	0.84	HDdU	DE
70	West-Terschelling	7 56	14 11	6 10	6 15	2.42	2.17	0.34	0.64	H.V.	NL
74	Hoek van Holland	1 13	6 56	6 42	5 43	2.24	1.82	0.29	0.37	H.V.	NL
78	Vlissingen	0 33	7 1	6 2	6 23	5.00	4.11	0.55	1.12	H.V.	NL
82	Le Havre	9 34	16 33	5 26	6 59	8.00	6.70	1.25	2.95	H.V.	FR
86	Saint Malo	5 45	12 36	5 33	6 52	12.20	9.30	1.50	4.30	H.V.	FR
90	Brest	3 41	10 4	6 2	6 23	7.05	5.50	1.15	2.70	H.V.	FR
94	Plymouth	5 19	11 36	6 8	6 17	5.50	4.40	0.80	2.20	H.V.	GB
98	Southampton	10 27	16 29	6 23	6 2	4.50	3.70	0.50	1.80	H.V.	GB
102	Portsmouth	11 17	16 39	7 3	5 22	4.70	3.80	0.80	1.90	H.V.	GB
106	Dover	10 51	18 9	5 7	7 18	6.80	5.30	0.80	2.10	H.V.	GB
110	London Bridge	1 12	7 41	5 57	6 29	7.10	5.90	0.50	1.30	H.V.	GB
114	Immingham	5 33	11 53	6 5	6 20	7.30	5.80	0.90	2.60	H.V.	GB
118	Leith	2 13	8 8	6 29	5 56	5.60	4.40	0.80	2.00	H.V.	GB
122	Aberdeen	0 58	7 2	6 21	6 4	4.30	3.40	0.60	1.60	H.V.	GB
126	Ullapool	6 52	13 11	6 6	6 19	5.20	3.90	0.70	2.12	H.V.	GB
130	Oban	5 28	11 52	6 2	6 24	4.00	2.90	0.73	1.80	H.V.	GB
134	Greenock	12 14	17 51	6 48	5 37	3.40	2.80	0.30	1.00	H.V.	GB
138	Liverpool	10 55	17 44	5 36	6 49	9.40	7.50	1.10	3.20	H.V.	GB
142	Avonmouth	6 46	13 21	5 51	6 34	13.20	9.80	1.00	3.80	H.V.	GB
146	Cobh	5 3	11 35	5 53	6 32	4.12	3.20	0.40	1.30	H.V.	GB
150	Pointe de Grave	3 57	9 51	6 31	5 54	5.30	4.35	1.10	2.10	H.V.	FR
154	Bilbao	3 14	9 20	6 18	6 7	4.25	3.30	0.62	1.61	H.V.	ES
158	Lissabon	2 59	8 52	6 32	5 53	3.75	2.96	0.65	1.44	H.V.	PT
162	Gibraltar	1 59	7 45	6 39	5 46	0.99	0.74	0.06	0.33	H.V.	GB

Abkürzungen:

HDdU: Harmonische Darstellung der Ungleichheiten
H.V.: Harmonisches Verfahren

DE: Bundesamt für Seeschiffahrt und Hydrographie, Hamburg
NL: Rijkswaterstaat, Lelystad

FR: Service Hydrographique et Océanographique de la Marine, Brest
GB: United Kingdom Hydrographic Office, Taunton Somerset
NO: Statens Kartverk Sjo, Stavanger
ES: Instituto Hidrográficode la Marina, Madrid
PT: Marinha Instituto Hidrográfico, Lissabon

Höhen sind auf SKN bezogen

Der **Tafel 2** sind die Seekartennulls und Tidenhübe deutscher Bezugsorte zu entnehmen.

Die Grafik dient zur Veranschaulichung der unterschiedlichen mittleren Springtidenhübe bzw. Nipptidenhübe an der deutschen Nordseeküste und deren Flussgebiete. Die Höhen sind auf das Normalhöhennull (NHN) bezogen. Des Weiteren ist das gültige Seekartennull der Bezugsorte eingetragen (vergleiche Kapitel 4.6).

In **Tafel 3** sind die genauen Zeitpunkte des Durchganges des Mondes durch den Nullmeridian aufgeführt. Hier ist zu beachten, dass die Zeiten in der Tabelle in UTC (Zeitzone 0) angegeben sind. Für ein ausgewähltes Datum kann die Zeit des Durchganges des Mondes durch den Nullmeridian aus Tafel 3 entnommen werden. Diese Zeit wird zur Zeitdifferenz aus dem Teil V Gezeitenkarten 1, 2 oder 5 addiert. Die Summe ergibt grob, aber schnell Hoch- bzw. Niedrigwasserzeit für einen beliebigen Ort auf der Karte.

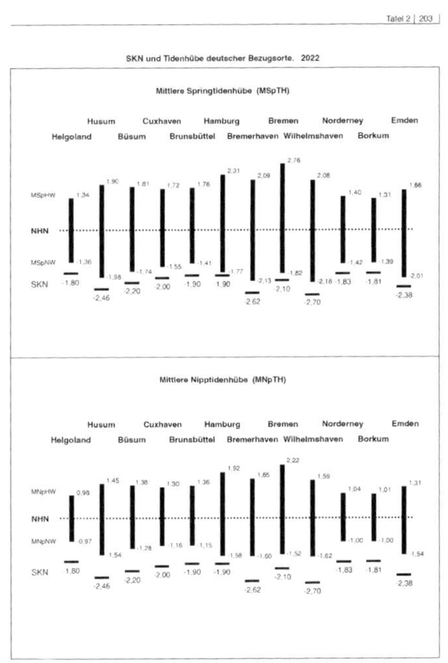

204 | Tafel 3

Tafel 3

Zeit des Durchgangs des Mondes durch den Nullmeridian. 2022

Tag	Jan Zeit	Feb Zeit	Mrz Zeit	Apr Zeit	Mai Zeit	Jun Zeit	Jul Zeit	Aug Zeit	Sep Zeit	Okt Zeit	Nov Zeit	Dez Zeit	Tag
1	10:41 23:14	0:08 12:35	11:18 23:43	12:20	0:05 12:28	1:12 13:37	1:39 14:03	2:39 15:01	3:34 15:58	4:09 16:39	6:08 18:36	6:41 19:04	1
2	11:48	1:04 13:31	12:09	0:42 13:04	0:51 13:14	2:03 14:28	2:27 14:50	3:22 15:43	4:23 16:49	5:10 17:41	7:03 19:29	7:27 19:49	2
3	0:21 12:54	1:56 14:21	0:33 12:57	1:26 13:48	1:38 14:02	2:53 15:18	3:13 15:35	4:05 16:26	5:17 17:45	6:12 18:43	7:54 20:19	8:11 20:33	3
4	1:25 13:56	2:45 15:08	1:20 13:43	2:11 14:34	2:27 14:52	3:42 16:06	3:57 16:19	4:49 17:12	6:15 18:45	7:14 19:43	8:42 21:05	8:55 21:18	4
5	2:26 14:53	3:31 15:53	2:05 14:27	2:57 15:21	3:17 15:43	4:30 16:53	4:40 17:01	5:36 18:01	7:16 19:48	8:12 20:40	9:28 21:51	9:41 22:04	5
6	3:20 15:45	4:14 16:36	2:49 15:11	3:45 16:09	4:08 16:33	5:15 17:38	5:23 17:45	6:27 18:55	8:20 20:52	9:07 21:33	10:13 22:36	10:27 22:51	6
7	4:10 16:33	4:57 17:19	3:33 15:56	4:34 16:59	4:58 17:23	6:00 18:21	6:07 18:29	7:23 19:54	9:22 21:53	9:59 22:23	10:58 23:21	11:16 23:41	7
8	4:55 17:17	5:41 18:03	4:18 16:41	5:25 17:50	5:47 18:11	6:43 19:05	6:53 19:17	8:25 20:57	10:22 22:50	10:47 23:10	11:45	12:07	8
9	5:38 18:00	6:28 18:49	5:05 17:29	6:16 18:41	6:35 18:58	7:28 19:50	7:43 20:10	9:30 22:03	11:17 23:43	11:33 23:56	0:09 12:33	0:33 12:59	9
10	6:21 18:42	7:12 19:36	5:53 18:18	7:06 19:31	7:21 19:43	8:14 20:38	8:38 21:07	10:35 23:07	12:08	12:19	0:58 13:23	1:25 13:50	10
11	7:03 19:24	8:01 20:26	6:43 19:08	7:55 20:19	8:06 20:28	9:03 21:29	9:38 22:10	11:38	0:33 12:56	0:42 13:06	1:49 14:14	2:16 14:41	11
12	7:46 20:08	8:51 21:17	7:34 19:59	8:43 21:06	8:51 21:14	9:57 22:26	10:44 23:17	0:08 12:37	1:20 13:43	1:29 13:53	2:40 15:06	3:05 15:29	12
13	8:31 20:54	9:42 22:08	8:25 20:50	9:29 21:52	9:37 22:01	10:56 23:27	11:51	1:05 13:31	2:06 14:29	2:17 14:42	3:32 15:57	3:52 16:14	13
14	9:18 21:42	10:34 22:59	9:15 21:40	10:15 22:38	10:26 22:51	12:00	0:24 12:56	1:56 14:21	2:52 15:15	3:07 15:32	4:22 16:47	4:36 16:58	14
15	10:07 22:33	11:24 23:48	10:04 22:28	11:01 23:25	11:18 23:46	0:33 13:07	1:28 13:58	2:44 15:08	3:39 16:03	3:58 16:24	5:11 17:34	5:19 17:40	15
16	10:58 23:24	12:12	10:52 23:15	11:49	12:15	1:41 14:13	2:26 14:53	3:30 15:53	4:27 16:52	4:50 17:15	5:57 18:19	6:01 18:21	16
17	11:49	0:36 12:59	11:38	0:14 12:39	0:45 13:17	2:45 15:16	3:19 15:44	4:15 16:38	5:17 17:42	5:41 18:06	6:41 19:03	6:42 19:04	17
18	0:15 12:40	1:22 13:45	0:01 12:24	1:06 13:33	1:49 14:21	3:45 16:13	4:08 16:31	5:01 17:24	6:07 18:33	6:30 18:55	7:24 19:46	7:25 19:48	18
19	1:05 13:29	2:07 14:30	0:47 13:11	2:01 14:31	2:54 15:27	4:39 17:04	4:53 17:16	5:47 18:11	6:58 19:24	7:18 19:41	8:07 20:29	8:11 20:36	19
20	1:53 14:16	2:52 15:15	1:34 13:58	3:01 15:32	3:59 16:29	5:28 17:51	5:38 17:59	6:35 18:59	7:49 20:14	8:04 20:27	8:50 21:13	9:01 21:28	20
21	2:39 15:02	3:39 16:03	2:23 14:49	4:04 16:36	4:59 17:27	6:14 18:36	6:21 18:43	7:24 19:49	8:38 21:02	8:49 21:10	9:36 22:00	9:57 22:27	21
22	3:25 15:47	4:27 16:53	3:15 15:42	5:07 17:38	5:54 18:20	6:58 19:19	7:06 19:29	8:15 20:40	9:26 21:49	9:32 21:54	10:25 22:51	10:58 23:31	22
23	4:09 16:31	5:19 17:47	4:11 16:40	6:08 18:37	6:45 19:09	7:40 20:02	7:52 20:16	9:05 21:31	10:11 22:33	10:16 22:38	11:18 23:47	12:04	23
24	4:54 17:17	6:15 18:45	5:10 17:40	7:05 19:32	7:31 19:54	8:24 20:46	8:40 21:04	9:56 22:20	10:55 23:17	11:00 23:24	12:17	0:38 13:11	24
25	5:41 18:05	7:15 19:46	6:11 18:42	7:58 20:23	8:16 20:37	9:08 21:31	9:29 21:54	10:44 23:08	11:39	11:47	0:48 13:20	1:44 14:16	25
26	6:31 18:57	8:18 20:49	7:13 19:43	8:46 21:10	8:58 21:20	9:55 22:19	10:20 22:45	11:31 23:54	0:01 12:23	0:12 12:38	1:53 14:26	2:47 15:16	26
27	7:25 19:53	9:20 21:50	8:12 20:41	9:32 21:54	9:41 22:03	10:43 23:08	11:11 23:36	12:16	0:45 13:08	1:05 13:33	2:58 15:30	3:44 16:11	27
28	8:23 20:54	10:20 22:49	9:09 21:36	10:16 22:38	10:25 22:47	11:33 23:58	12:00	0:38 12:59	1:31 13:55	2:02 14:32	4:01 16:30	4:36 17:01	28
29	9:26 21:59		10:01 22:25	10:59 23:21	11:10 23:34	12:24	0:24 12:48	1:21 13:42	2:20 14:46	3:03 15:34	4:59 17:26	5:24 17:47	29
30	10:31 23:04		10:49 23:13	11:43	11:57	0:49 13:14	1:11 13:34	2:04 14:26	3:13 15:40	4:06 16:37	5:52 18:17	6:10 18:32	30

1

Aus der **Tafel 4** kann für einen beliebigen Tag entnommen werden, ob Spring-, Mitt- oder Nippzeit herrscht. Für die praktische Spring-, Mitt-, und Nippzeitbestimmung ist die Tafel 4 ausreichend genau.

Die Springverspätung wurde für die europäischen Gebiete bereits berücksichtigt.

In **Tafel 5** sind die genauen Zeitpunkte der Mondphasen aufgeführt. Diese Tafel dient zur Unterstützung für die Spring-, Mitt- und Nippzeitbestimmung. Zu beachten ist, dass die Zeitpunkte in der Zeitzone 0, also in UTC, angegeben sind und eine etwaige andere Zeitzone für diesen Ort zu berücksichtigen ist.

Tafel 4

Spring (Sp)-, Mitt (M)- und Nipp (Np)-Zeiten. 2022

Tag	Jan	Feb	Mrz	Apr	Mai	Jun	Jul	Aug	Sep	Okt	Nov	Dez	Tag
1	M	Sp	M	Sp	Sp	Sp	Sp	M	M	M	Np	Np	1
2	Sp	Sp	Sp	Sp	Sp	Sp	Sp	M	M	M	Np	Np	2
3	Sp	Sp	Sp	Sp	Sp	M	M	M	Np	Np	Np	Np	3
4	Sp	Sp	Sp	Sp	M	M	M	M	Np	Np	Np	M	4
5	Sp	M	Sp	M	M	M	M	Np	Np	Np	M	M	5
6	M	M	M	M	M	M	M	Np	Np	Np	M	M	6
7	M	M	M	M	M	Np	Np	Np	M	M	M	M	7
8	M	Np	M	M	M	Np	Np	Np	M	M	Sp	Sp	8
9	Np	Np	M	Np	Np	Np	Np	M	M	Sp	Sp	Sp	9
10	Np	Np	Np	Np	Np	Np	Np	M	Sp	Sp	Sp	Sp	10
11	Np	Np	Np	Np	Np	M	M	M	Sp	Sp	Sp	Sp	11
12	Np	M	Np	Np	Np	M	M	Sp	Sp	Sp	M	M	12
13	M	M	Np	M	M	M	Sp	Sp	Sp	M	M	M	13
14	M	M	M	M	M	Sp	Sp	Sp	M	M	M	M	14
15	M	M	M	M	M	Sp	Sp	Sp	M	M	M	M	15
16	M	Sp	M	Sp	Sp	Sp	Sp	M	M	M	Np	Np	16
17	M	Sp	M	Sp	Sp	Sp	M	M	Np	Np	Np	Np	17
18	Sp	Sp	Sp	Sp	Sp	M	M	M	Np	Np	Np	Np	18
19	Sp	Sp	Sp	Sp	Sp	M	M	Np	Np	Np	Np	Np	19
20	Sp	M	Sp	M	M	M	Np	Np	Np	Np	M	M	20
21	Sp	M	Sp	M	M	Np	Np	Np	M	M	M	M	21
22	M	M	M	M	Np	Np	Np	Np	M	M	M	M	22
23	M	Np	M	Np	Np	Np	Np	M	M	M	Sp	Sp	23
24	M	Np	M	Np	Np	Np	M	M	M	M	Sp	Sp	24
25	Np	Np	Np	Np	Np	M	M	M	Sp	Sp	Sp	Sp	25
26	Np	Np	Np	Np	M	M	M	M	Sp	Sp	Sp	Sp	26
27	Np	M	Np	M	M	M	M	Sp	Sp	Sp	M	M	27
28	Np	M	Np	M	M	M	Sp	Sp	Sp	Sp	M	M	28
29	M		M	M	M	Sp	Sp	Sp	M	M	M	M	29
30	M		M	Sp	Sp	Sp	Sp	Sp	M	M	Np	Np	30
31	M		M		Sp		Sp	M		M		Np	31

Tafel 5

Mondphasen. 2022

	Neumond		Erstes Viertel		Vollmond		Letztes Viertel		Neumond		Erstes Viertel	
	Tag	Zeit	Tag	Zeit	Tag	Zeit	Tag	Zeit	Tag	Zeit	Tag	Zeit
Januar	2	18 33	9	18 11	17	23 48	25	13 41				
Februar	1	5 46	8	13 50	16	16 56	23	22 32				
März	2	17 35	10	10 45	18	7 18	25	5 37				
April	1	6 24	9	6 48	16	18 55	23	11 56	30	20 28		
Mai			9	0 21	16	4 14	22	18 43	30	11 30		
Juni			7	14 48	14	11 52	21	3 11	29	2 52		
Juli			7	2 14	13	18 38	20	14 19	28	17 55		
August			5	11 06	12	1 36	19	4 36	27	8 17		
September			3	18 08	10	9 59	17	21 52	25	21 55		
Oktober			3	0 14	9	20 55	17	17 15	25	10 49		
November			1	6 37	8	11 02	16	13 27	23	22 57	30	14 36
Dezember					8	4 08	16	8 56	23	10 17	30	1 20

UTC

Tafel 6 enthält die Werte zur Verbesserung der Hoch- und Niedrigwasser-Zeitunterschiede, wenn erhebliche Differenzen in den halbmonatlichen Ungleichheiten zwischen einem Bezugsort und einem Anschlussort bestehen.

Das Anbringen der Verbesserungswerte führt zu einer zeitlichen Verschiebung und damit zu einer Verbesserung der Höhe.

Flusspläne der Hoch- und Niedrigwasser-Zeitunterschiede gegen einen ausgewählten Bezugsort:

Diese Pläne enthalten die Zeitintervalle zwischen der Eintrittszeit des Hochwassers eines Ortes an der Flussmündung (hier Cuxhaven) und den Orten stromaufwärts. Wie man aus dem Plan deutlich erkennen kann, läuft der Hochwasserscheitel schneller die Elbe hinauf als der Niedrigwasserscheitel. Dieses Phänomen kann man nur in Flüssen beobachten.

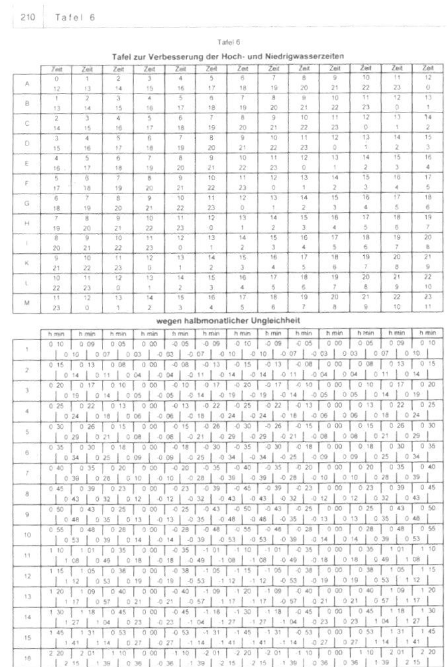

210 Tafel 6

Tafel 6

Tafel zur Verbesserung der Hoch- und Niedrigwasserzeiten

	Zeit	Zeit	Zeit	Zeit	Zeit	Zeit	Zeit	Zeit	Zeit	Zeit	Zeit	Zeit	Zeit
A	0	1	2	3	4	5	6	7	8	9	10	11	12
	12	13	14	15	16	17	18	19	20	21	22	23	0
B	1	2	3	4	5	6	7	8	9	10	11	12	13
	13	14	15	16	17	18	19	20	21	22	23	0	1
C	2	3	4	5	6	7	8	9	10	11	12	13	14
	14	15	16	17	18	19	20	21	22	23	0	1	2
D	3	4	5	6	7	8	9	10	11	12	13	14	15
	15	16	17	18	19	20	21	22	23	0	1	2	3
E	4	5	6	7	8	9	10	11	12	13	14	15	16
	16	17	18	19	20	21	22	23	0	1	2	3	4
F	5	6	7	8	9	10	11	12	13	14	15	16	17
	17	18	19	20	21	22	23	0	1	2	3	4	5
G	6	7	8	9	10	11	12	13	14	15	16	17	18
	18	19	20	21	22	23	0	1	2	3	4	5	6
H	7	8	9	10	11	12	13	14	15	16	17	18	19
	19	20	21	22	23	0	1	2	3	4	5	6	7
I	8	9	10	11	12	13	14	15	16	17	18	19	20
	20	21	22	23	0	1	2	3	4	5	6	7	8
K	9	10	11	12	13	14	15	16	17	18	19	20	21
	21	22	23	0	1	2	3	4	5	6	7	8	9
L	10	11	12	13	14	15	16	17	18	19	20	21	22
	22	23	0	1	2	3	4	5	6	7	8	9	10
M	11	12	13	14	15	16	17	18	19	20	21	22	23
	23	0	1	2	3	4	5	6	7	8	9	10	11

wegen halbmonatlicher Ungleichheit

	h min	h min	h min	h min	h min	h min	h min	h min	h min	h min	h min	h min	h min
1	0 10	0 09	0 05	0 00	-0 05	-0 09	-0 10	-0 09	-0 05	0 00	0 05	0 09	0 10
	0 10	0 07	0 03	-0 03	-0 07	-0 10	-0 10	-0 07	-0 03	0 03	0 07	0 10	
2	0 15	0 13	0 08	0 00	-0 08	-0 13	-0 15	-0 13	-0 08	0 00	0 08	0 13	0 15
	0 14	0 11	0 04	-0 04	-0 11	-0 14	-0 14	-0 11	-0 04	0 04	0 11	0 14	
3	0 20	0 17	0 10	0 00	-0 10	-0 17	-0 20	-0 17	-0 10	0 00	0 10	0 17	0 20
	0 19	0 14	0 05	-0 05	-0 14	-0 19	-0 19	-0 14	-0 05	0 05	0 14	0 19	
4	0 25	0 22	0 13	0 00	-0 13	-0 22	-0 25	-0 22	-0 13	0 00	0 13	0 22	0 25
	0 24	0 18	0 06	-0 06	-0 18	-0 24	-0 24	-0 18	-0 06	0 06	0 18	0 24	
5	0 30	0 26	0 15	0 00	-0 15	-0 26	-0 30	-0 26	-0 15	0 00	0 15	0 26	0 30
	0 29	0 21	0 08	-0 08	-0 21	-0 29	-0 29	-0 21	-0 08	0 08	0 21	0 29	
6	0 35	0 30	0 18	0 00	-0 18	-0 30	-0 35	-0 30	-0 18	0 00	0 18	0 30	0 35
	0 34	0 25	0 09	-0 09	-0 25	-0 34	-0 34	-0 25	-0 09	0 09	0 25	0 34	
7	0 40	0 35	0 20	0 00	-0 20	-0 35	-0 40	-0 35	-0 20	0 00	0 20	0 35	0 40
	0 39	0 28	0 10	-0 10	-0 28	-0 39	-0 39	-0 28	-0 10	0 10	0 28	0 39	
8	0 45	0 39	0 23	0 00	-0 23	-0 39	-0 45	-0 39	-0 23	0 00	0 23	0 39	0 45
	0 43	0 32	0 12	-0 12	-0 32	-0 43	-0 43	-0 32	-0 12	0 12	0 32	0 43	
9	0 50	0 43	0 25	0 00	-0 25	-0 43	-0 50	-0 43	-0 25	0 00	0 25	0 43	0 50
	0 48	0 35	0 13	-0 13	-0 35	-0 48	-0 48	-0 35	-0 13	0 13	0 35	0 48	
10	0 55	0 48	0 28	0 00	-0 28	-0 48	-0 55	-0 48	-0 28	0 00	0 28	0 48	0 55
	0 53	0 39	0 14	-0 14	-0 39	-0 53	-0 53	-0 39	-0 14	0 14	0 39	0 53	
11	1 10	1 01	0 35	0 00	-0 35	-1 01	-1 10	-1 01	-0 35	0 00	0 35	1 01	1 10
	1 08	0 49	0 18	-0 18	-0 49	-1 08	-1 08	-0 49	-0 18	0 18	0 49	1 08	
12	1 15	1 05	0 38	0 00	-0 38	-1 05	-1 15	-1 05	-0 38	0 00	0 38	1 05	1 15
	1 12	0 53	0 19	-0 19	-0 53	-1 12	-1 12	-0 53	-0 19	0 19	0 53	1 12	
13	1 20	1 09	0 40	0 00	-0 40	-1 09	-1 20	-1 09	-0 40	0 00	0 40	1 09	1 20
	1 17	0 57	0 21	-0 21	-0 57	-1 17	-1 17	-0 57	-0 21	0 21	0 57	1 17	
14	1 30	1 18	0 45	0 00	-0 45	-1 18	-1 30	-1 18	-0 45	0 00	0 45	1 18	1 30
	1 27	1 04	0 23	-0 23	-1 04	-1 27	-1 27	-1 04	-0 23	0 23	1 04	1 27	
15	1 45	1 31	0 53	0 00	-0 53	-1 31	-1 45	-1 31	-0 53	0 00	0 53	1 31	1 45
	1 41	1 14	0 27	-0 27	-1 14	-1 41	-1 41	-1 14	-0 27	0 27	1 14	1 41	
16	2 20	2 01	1 10	0 00	-1 10	-2 01	-2 20	-2 01	-1 10	0 00	1 10	2 01	2 20
	2 15	1 39	0 36	-0 36	-1 39	-2 15	-2 15	-1 39	-0 36	0 36	1 39	2 15	

Zur Entnahme der Verbesserung mit der Hoch- oder Niedrigwasserzeit des Bezugsortes eingehen !

Hoch- und Niedrigwasser-Zeitunterschiede gegen Bremerhaven. 2022

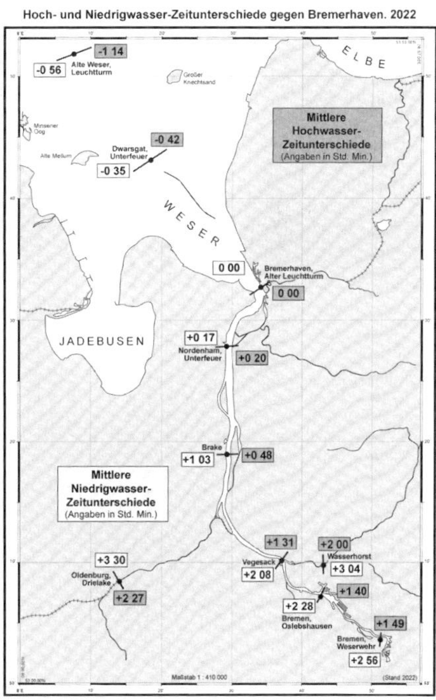

Teil V Gezeitenkarten:

Die **Gezeitenkarten 1-6** geben einen guten Gesamtüberblick der Gezeitenerscheinungen in der Nordsee. In den Drehwellenknotenpunkten geht der Tidenhub gegen Null, dagegen nimmt dieser in den trichterförmigen Buchten und im englischen Kanal stark zu.

Mithilfe der Gezeitenkarten 1, 2 und 5 kann schnell die Laufzeit der Gezeit zwischen zwei Orten ermittelt werden. Die Gezeitenkarten 3, 4 und 6 liefern Angaben über die vor Ort zu erwartenden Tidenhübe und die daraus eventuell resultierenden Gezeitenströme.

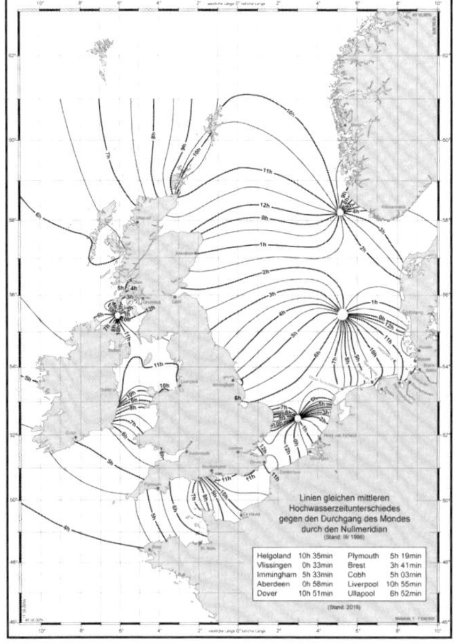

Karte 5

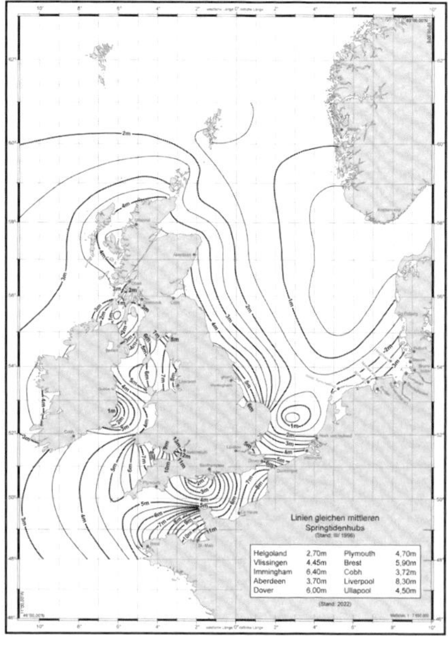

Karte 6

Ortsverzeichnis:

Das alphabetisch sortierte Ortsverzeichnis bietet die Möglichkeit, einen bestimmten Ort in den Teilen II und III zu finden.

Außerdem sind politische und geographische Länderbezeichnungen enthalten.

Ortsverzeichnis

Das Verzeichnis verweist auf die Nummern, unter denen die Orte im Teil II dieses Buches aufgeführt sind. Bei den Bezugsorten sind die Seitenzahlen der Gezeitenvorausberechnungen mit angegeben.

8.4 Genauigkeiten der Gezeitenwerte

Wer die *Gezeitentafeln* oder den *Gezeitenkalender* benutzt, sollte sich über die Genauigkeit der Vorausberechnungen im Klaren sein. Bei der Analyse der Wasserstandsbeobachtungen können die wetterbedingten Einflüsse nicht vollständig herausgefiltert werden. Das bedeutet, dass auch in den **Werten der Vorausberechnungen und den Gezeitengrundwerten** ein **gewisser meteorologischer Anteil** enthalten bleibt. In den oberen tidebeeinflussten Flussgebieten kann in einzelnen Jahren durch starke Abflüsse (Regen, Schneeschmelze) der meteorologische Anteil zum Teil 30–50 cm betragen.

- ***deutsche Bezugsorte:***
  Die Zeiten der Vorausberechnungen haben eine Genauigkeit von +/- 2 Minuten und die Wasserstände von +/- 2 cm. Das gleiche gilt auch für die Gezeitengrundwerte.

- ***deutsche Anschlussorte:***
  Die Genauigkeit der mittleren Gezeitenunterschiede beträgt in der Zeit +/- 10 Minuten und in der Höhe+/- 20 cm, d. h. dass die ermittelten Vorausberechnungen aus den mittleren Zeit- und Höhenunterschieden dieselben Genauigkeiten aufweisen.
  Örtlich bedingte spezielle Gegebenheiten haben Einfluss auf die Qualität der Gezeitenwerte und können im Einzelfall die Genauigkeit verschlechtern. Dies zu erkennen, setzt viel örtliche Erfahrungen voraus. Ein Beispiel sind die Wasserstandsbeobachtungen der Eiderpegel. Diese Werte werden sehr stark durch den Sperrwerksbetrieb gestört. Die berechneten Gezeitenwerte der Eider-Orte spiegeln stark den Sperrwerks betrieb wider und haben wenig Ähnlichkeiten mit den eigentlichen Gezeitenerscheinungen der Nordsee. Trotzdem sind die Vorausberechnungen mit hinreichender Genauigkeit für die Kleinschifffahrt nutzbar und eine unerlässliche nautische Hilfe.

- ***ausländische Orte:***
  Über die Genauigkeiten von Vorausberechnungen und Gezeitengrundwerten kann keine Aussage gemacht werden, da hierüber in den ausländischen Gezeitentafeln *keine Angaben vorliegen. Doch man kann davon ausgehen, dass die Werte in den* Gezeitentafeln *in ausreichender Genauigkeit für die Schifffahrt veröffentlicht werden.*

Grundsätzlich darf das Prinzip der »Sicherheit und Leichtigkeit« der Schifffahrt niemals außer Acht gelassen werden*, d. h. ein Nautiker muss immer einen Sicherheitszuschlag einkalkulieren. Auch die örtlichen Gegebenheiten durch Wettereinflüsse und Verlagerungen von Sanden und Prielen müssen von einem Nautiker beachtet werden.*
Eine »Minuten- oder Zentimeter-Fuchserei« ist in der Praxis nicht zweckmäßig.

9 Benutzung des Gezeitenkalenders

Die Eintrittszeiten sind entsprechend der gesetzlichen Zeit in Mitteleuropäischer Zeit (MEZ) oder Mitteleuropäischer Sommerzeit (MESZ) angegeben. Siehe diese Information unter den jeweiligen-Tabellen.

Die Umrechnung von Std. Min. in Std.dez erfolgt folgendermaßen:
Stunden.dez = Stunde + Minuten / 60
11 Std. 14 Min.➔ 11 + 14 / 60 = 11,2333 Std.dez

Die Umrechnung von Std.dez. in Std. Min. geschieht wie folgt:
Stunde = Abschneiden der Nachkommastellen
Minuten = (Std.dez-Std.) * 60, anschließend runden auf ganze Minuten
11,2333 Std.dez ➔ 11 Std.
(11,2333-11) * 60 = 13,999 Min. ➔ runden 14 Min.

Hinweis:
Für Umrechnungen mit dem Taschenrechner können z. B. auch die Tasten ***DMS, DEG*** *und* **°' "** *verwendet werden.*

9.1 Vorausberechnungen für einen Ort ermitteln

9.1.1 Vorausberechnungen → Bezugsort

Frage:
Wann treten am 1. März 2022 am Mittag das Hochwasser und das folgende Niedrigwasser in Husum, Schleuse ein?

1. Schritt:
Die Vorausberechnungen des Bezugsortes heraussuchen:
→ Seite 17

17

Husum, Schleuse 2022
Breite: 54° 28' N, Länge: 9° 01' E

Tag	März				Tag	April			
	HW - Zeit		NW - Zeit			HW - Zeit		NW - Zeit	
1 Di	0:12	12:57	6:51	19:15	1 Fr ●	2:53	15:21	9:31	21:39
2 Mi ●	1:18	13:56	8:01	20:15	2 Sa	3:35	15:57	10:09	22:18
3 Do	2:12	14:43	8:55	21:02	**3 So**	4:10	16:27	10:41	22:53
4 Fr	2:56	15:22	9:37	21:43	4 Mo	4:43	16:56	11:10	23:26

HWZ: 12:57 Uhr
NWZ: 19:15 Uhr, MEZ

Ergebnis:
Das Hochwasser in Husum tritt um 12:57 Uhr MEZ ein, das folgende Niedrigwasser ist um 19:15 Uhr.

Frage:
Wie lang ist die Falldauer (FD) am 1. März 2022 vom Mittag-Hochwasser bis zum folgenden Niedrigwasser in Husum, Schleuse?

1. Schritt:
Die Vorausberechnungen des Bezugsortes heraussuchen:
➔ Seite 17

17

Husum, Schleuse 2022
Breite: 54° 28' N, Länge: 9° 01' E

Tag	März				Tag	April			
	HW - Zeit		NW - Zeit			HW - Zeit		NW - Zeit	
1 Di	0:12	12:57	6:51	19:15	1 Fr ●	2:53	15:21	9:31	21:39
2 Mi ●	1:18	13:56	8:01	20:15	2 Sa	3:35	15:57	10:09	22:18
3 Do	2:12	14:43	8:55	21:02	**3 So**	4:10	16:27	10:41	22:53
4 Fr	2:56	15:22	9:37	21:43	4 Mo	4:43	16:56	11:10	23:26

HWZ: 12:57 Uhr
NWZ: 19:15 Uhr, MEZ

2. Schritt:
Die Falldauer (FD) berechnen:
FD = NWZ - HWZ
6:18 = 19:15 - 12:57

Ergebnis:
Die Falldauer (FD) in Husum vom Mittag-Hochwasser bis zum folgenden Niedrigwasser beträgt 6 Std. 18 Min.

9.1.2 Vorausberechnungen ➔ Anschlussort

Frage:
Wann treten am 3. Juli 2022 mittags das Niedrigwasser und das folgende Hochwasser in Rummelloch, West ein?

1. Schritt:
Eine Hilfstabelle anlegen:

	Ort		
Vorausberechnungen Bezugsort			
Unterschiede Anschlussort			
Ergebnis, Anschlussort			

2. Schritt:
Den Anschlussort im »Ortsverzeichnis« suchen:
➔ Seite 23

3. Schritt:
Der Bezugsort für den Anschlussort ist auf der Seite 23 angegeben:
➔ Husum (Seite 16–21)

4. Schritt:
Die Vorausberechnungen des Bezugsortes heraussuchen:
➔ Seite 19

19

Husum, Schleuse 2022
Breite: 54° 28' N, Länge: 9° 01' E

Tag	Juli HW - Zeit		Juli NW - Zeit		Tag	August HW - Zeit		August NW - Zeit	
1 Fr	4:09	16:19	10:10	22:47	1 Mo	5:02	17:09	11:03	23:31
2 Sa	4:44	16:53	10:42	23:17	2 Di	5:34	17:41	11:33	
3 So	5:17	17:24	11:13	23:46	3 Mi	6:10	18:19	0:03	12:08
4 Mo	5:51	17:58	11:44		4 Do	6:49	18:58	0:41	12:44

	Ort	NWZ	HWZ
Vorausberechnungen Bezugsort, Seite 19	Husum, Schleuse	11:13 Uhr	17:24 Uhr
Unterschiede Anschlussort, Teil II			
Ergebnis, Anschlussort			

5. Schritt:
Die Zeitenunterschiede für den Anschlussort entnehmen:
→ Seite 23

23

Mittlere Gezeitenunterschiede

Ort	Breite Nord	Länge Ost	HW h min	NW h min
Husum, Schleuse	**54°28'**	**9°01'**		
Hever Tonne	54°20'	8°19'	-1 46	*
Rummelloch, West	54°29'	8°32'	-0 40	-0 07

	Ort	NWZ	HWZ
Vorausberechnungen Bezugsort, Seite 19	Husum, Schleuse	11:13 Uhr	17:24 Uhr
Unterschiede Anschlussort, Seite 23	Rummelloch, West	- 0h 07min	- 0h 40min
Ergebnis, Anschlussort			

6. Schritt:
Die Zeiten und die Zeitunterschiede addieren oder subtrahieren:

	Ort	NWZ	HWZ
Vorausberechnungen Bezugsort, Seite 19	Husum, Schleuse	11:13 Uhr	17:24 Uhr
Unterschiede Anschlussort, Seite 23	Rummelloch, West	- 0h 07min	- 0h 40min
Ergebnis, Anschlussort	Rummelloch, West	11:06 Uhr	16:44 Uhr

Ergebnis:
Das Niedrigwasser in Rummelloch, West tritt um 11:06 Uhr MESZ ein, das folgende Hochwasser ist um 16:44 Uhr.

Frage:
Wie lang ist die Steigdauer (SD) am 3. Juli 2022 vom Vormittag-Hochwasser bis zum folgenden Niedrigwasser in Rummelloch, West?

1. Schritt:
Die Vorausberechnungen des Anschlussortes ermitteln:

	Ort	NWZ	HWZ
Vorausberechnungen Bezugsort, Seite 19	*Husum, Schleuse*	*11:13 Uhr*	*17:24 Uhr*
Unterschiede Anschlussort, Seite 23	*Rummelloch, West*	*- 0h 07min*	*- 0h 40min*
Ergebnis, Anschlussort	*Rummelloch, West*	*11:06 Uhr*	*16:44 Uhr*

NWZ: 11:06 Uhr
HWZ: 16:44 Uhr, MESZ

2. Schritt:
Die Steigdauer (SD) berechnen:
SD = HWZ - NWZ
5:38 = 16:44 - 11:06

Ergebnis:
Die Steigdauer (SD) in Rummelloch, West vom Vormittag-Niedrigwasser bis zum folgenden Hochwasser beträgt 5 Std. 38 Min.

9.2 Mittlere Laufzeiten der Hoch- bzw. Niedrigwasserwelle zwischen zwei Orten

Frage:
Wie lange braucht im Mittel die Hochwasserwelle (Laufzeit) von Helgoland nach Dagebüll?

Schritt:
Mittleren Hochwasser-Gezeitenunterschied (GUHW) für Dagebüll heraussuchen:
→ Seite 110

110

Mittlere Gezeitenunterschiede einiger Orte gegen Helgoland

Ort	Breite Nord	Länge Ost	HW h min	NW h min
Helgoland, Binnenhafen	**54°11'**	**7°53'**		
List, Sylt, Hafen	55°01'	8°26'	+2 51	+2 10
Hörnum, Sylt, Hafen	54°45'	8°18'	+2 08	+1 33
Wittdün, Amrum, Hafen	54°38'	8°23'	+1 28	+1 22
Dagebüll	54°44'	8°41'	+2 18	+2 12
Pellworm, Anleger	54°30'	8°42'	+1 37	+1 04

GUHW: +2:18

Ergebnis:
Die Hochwasserwelle braucht im Mittel 2 Std. 18 Min. von Helgoland bis Dagebüll.

Frage:
Wie lange braucht im Mittel die Niedrigwasserwelle (Laufzeit) von Cuxhaven nach Hamburg?

1. Schritt:
Mittlere Niedrigwasser-Gezeitenunterschiede (GUNW) für Cuxhaven und Hamburg heraussuchen:
➔ Seite 110

110

Mittlere Gezeitenunterschiede
einiger Orte gegen Helgoland

Ort	Breite Nord	Länge Ost	HW h min	NW h min
Helgoland, Binnenhafen	**54°11'**	**7°53'**		
Scharhörn, Bake C	53°58'	8°28'	+0 29	+0 20
Cuxhaven, Steubenhöft, Elbe	53°52'	8°43'	+1 19	+1 20
Brunsbüttel, Elbe, Ost	53°53'	9°09'	+2 23	+2 39
Glückstadt, Elbe	53°47'	9°25'	+3 23	+3 25
Hamburg, St. Pauli, Elbe	53°33'	9°58'	+4 47	+5 09
Hamburg, Bunthaus, Elbe	53°28'	10°04'	+5 11	+5 52

Cuxhaven GUNW: +1:20
Hamburg GUNW: +5:09

2. Schritt:
Die Laufzeit berechnen:
Laufzeit = $\text{GUNW}_{[\text{Hamburg}]}$ - $\text{GUNW}_{[\text{Cuxhaven}]}$
3:49 = (+5:09) - (+1:20)

Ergebnis:
Die Niedrigwasserwelle braucht im Mittel 3 Std. 49 Min. von Cuxhaven bis Hamburg.

9.3 Mondphasen, Spring- (Sp), Mitt (M)- und Nippzeiten (Np)

Frage:

Wann ist Nippzeit im Mai 2022 in Bremerhaven?

→ Seite 111

111

Spring (Sp)-, Mitt (M)- und Nipp (Np)-Zeiten. 2022

	Jan	Feb	Mrz	Apr	Mai	Jun	Jul	Aug	Sep	Okt	Nov	Dez
1	M	**Sp**	M	**Sp**	**Sp**	**Sp**	**Sp**	M	M	M	Np	Np
2	**Sp**	**Sp**	**Sp**	**Sp**	**Sp**	**Sp**	**Sp**	M	M	M	Np	Np
3	**Sp**	**Sp**	**Sp**	**Sp**	**Sp**	M	M	M	Np	Np	Np	Np
4	**Sp**	**Sp**	**Sp**	**Sp**	M	M	M	M	Np	Np	Np	M
5	**Sp**	M	**Sp**	M	M	M	M	Np	Np	Np	M	M
6	M	M	M	M	M	M	M	Np	Np	Np	M	M
7	M	M	M	M	M	Np	Np	Np	M	M	M	M
8	M	Np	M	M	M	Np	Np	Np	M	M	**Sp**	**Sp**
9	Np	Np	M	Np	Np	Np	Np	M	M	**Sp**	**Sp**	**Sp**
10	Np	Np	Np	Np	Np	Np	Np	M	**Sp**	**Sp**	**Sp**	**Sp**
11	Np	Np	Np	Np	Np	M	M	M	**Sp**	**Sp**	**Sp**	**Sp**
12	Np	M	Np	Np	Np	M	M	**Sp**	**Sp**	**Sp**	M	M
13	M	M	Np	M	M	M	**Sp**	**Sp**	**Sp**	M	M	M
14	M	M	M	M	M	**Sp**	**Sp**	**Sp**	M	M	M	M
15	M	M	M	M	M	**Sp**	**Sp**	**Sp**	M	M	M	M
16	M	**Sp**	M	**Sp**	**Sp**	**Sp**	**Sp**	M	M	M	Np	Np
17	M	**Sp**	M	**Sp**	**Sp**	**Sp**	M	M	Np	Np	Np	Np
18	**Sp**	**Sp**	**Sp**	**Sp**	**Sp**	M	M	M	Np	Np	Np	Np
19	**Sp**	**Sp**	**Sp**	**Sp**	**Sp**	M	M	Np	Np	Np	Np	Np
20	**Sp**	M	**Sp**	M	M	M	Np	Np	Np	Np	M	M
21	**Sp**	M	**Sp**	M	M	Np	Np	Np	M	M	M	M
22	M	M	M	M	Np	Np	Np	Np	M	M	M	M
23	M	Np	M	Np	Np	Np	Np	M	M	M	**Sp**	**Sp**
24	M	Np	M	Np	Np	Np	M	M	M	M	**Sp**	**Sp**
25	Np	Np	Np	Np	Np	M	M	M	**Sp**	**Sp**	**Sp**	**Sp**
26	Np	Np	Np	Np	M	M	M	M	**Sp**	**Sp**	**Sp**	**Sp**
27	Np	M	Np	M	M	M	M	**Sp**	**Sp**	**Sp**	M	M
28	Np	M	Np	M	M	M	**Sp**	**Sp**	**Sp**	**Sp**	M	M
29	M		M	M	M	**Sp**	**Sp**	**Sp**	M	M	M	M
30	M		M	**Sp**	**Sp**	**Sp**	**Sp**	**Sp**	M	M	Np	Np
31	M		M		**Sp**		**Sp**	M		M		Np

Die Springverspätung ist bereits berücksichtigt worden.

Ergebnis:

Vom 9. bis 12. Mai und 22. bis 25. Mai 2022.

An jedem Ort der Erde ist zur selben Zeit Nippzeit.

9.4 Mittlere Hoch- und Niedrigwasserhöhen und Tidenhübe

9.4.1 Mittlere Hoch- (MHW) und Niedrigwasser (MNW)

Frage:
Wie hoch liegt das MHW und MNW über Normalhöhennull (NHN) und Seekartennull (SKN) bei Knock?
➔ Seite 119

119

Mittleres Hoch- und Niedrigwasser (in Metern)

Ort	MHW		MTH	MNW	
	NHN	SKN		NHN	SKN
Leyhörn, Leybucht c	1,4	3,2	2,5	-1,2	0,7
Fino 1..............................	0,8	2,2	1,7	-0,9	0,5
Borkum, Südstrand	1,1	2,9	2,3	-1,2	0,5
Borkum, Fischerbalje	**1,2**	**3,0**	**2,4**	**-1,2**	**0,6**
Emsgebiet					
Emshörn	1,3	3,2	2,6	-1,3	0,6
Dukegat	1,3	3,3	2,7	-1,4	0,6
Knock	1,5	3,7	3,1	-1,6	0,6
Emden, Große Seeschleuse	**1,5**	**3,9**	**3,3**	**-1,8**	**0,6**

Ergebnis:

MHW 1,5 m MNW 1,6 m unter NHN
MHW 3,7 m MNW 0,6 m über SKN

9.4.2 Mittlerer Tidenhub (MTH)

Frage:

Wie groß ist der mittlere Tidenhub (MTH) bei Borkum, Fischerbalje?

➔ Seite 119

119

Mittleres Hoch- und Niedrigwasser (in Metern)

Ort	MHW NHN	MHW SKN	MTH	MNW NHN	MNW SKN
Leyhörn, Leybucht c	1,4	3,2	2,5	-1,2	0,7
Fino 1...............................	0,8	2,2	1,7	-0,9	0,5
Borkum, Südstrand	1,1	2,9	2,3	-1,2	0,5
Borkum, Fischerbalje	**1,2**	**3,0**	**2,4**	**-1,2**	**0,6**
Emsgebiet					
Emshörn	1,3	3,2	2,6	-1,3	0,6
Dukegat	1,3	3,3	2,7	-1,4	0,6
Knock	1,5	3,7	3,1	-1,6	0,6
Emden, Große Seeschleuse	**1,5**	**3,9**	**3,3**	**-1,8**	**0,6**

Ergebnis:

MTH 2,4 m

9.5 Bezugsniveau

Frage:
Wie viel Meter liegt das Seekartennull (SKN) unter dem Normalhöhennull (NHN) bei Cuxhaven, Steubenhöft?

1. Schritt:
Die mittleren Hochwasserwerte auf NHN und SKN entnehmen:
➔ Seite 115

115

Mittleres Hoch- und Niedrigwasser (in Metern)

Ort	MHW NHN	MHW SKN	MTH	MNW NHN	MNW SKN
Scharhörnriff, Bake A	1,5	3,6	2,9	-1,4	0,7
Scharhörn, Bake C	1,5	3,6	3,0	-1,5	0,6
Zehnerloch	1,5	3,6	2,9	-1,4	0,7
Neuwerk, Anleger .... a	1,6	3,7	*	*	*
Cuxhaven, Steubenhöft	**1,5**	**3,5**	**2,9**	**-1,4**	**0,6**
Otterndorf	1,5	3,5	2,8	-1,3	0,7
Neufeld, Hafen .... a	1,5	3,4	*	*	*

$MHW_{[NHN]}$: 1,5 m
$MHW_{[SKN]}$: 3,5 m

2. Schritt:
Die Differenz zwischen Seekartennull (SKN) und Normalhöhennull (NHN) berechnen:
$-2{,}0\ m = MHW\ 1{,}5_{[NHN]} - MHW\ 3{,}5_{[SKN]}$

Ergebnis:
Das Seekartennull liegt 2,0 m unter dem Normalhöhennull.

Siehe auch im *Gezeitenkalender* die Grafik »Begriffsbestimmungen« auf Seite 6.

Frage:

Wie viel Meter liegt das Seekartennull (SKN) unter dem Normalhöhennull (NHN) bei Stade?

1. Schritt:

Die mittleren Hochwasserwerte auf NHN und SKN entnehmen:

➔ Seite 116

116

Mittleres Hoch- und Niedrigwasser (in Metern)

Ort	MHW		MTH	MNW	
	NHN	SKN		NHN	SKN
Pinnau					
Pinnau-Sperrwerk, Binnenpegel ...	1,7	1,7	3,1	-1,4	-1,4
Uetersen	1,7	1,7	2,3	-0,5	-0,5
Pinneberg	1,7	1,7	1,0	0,7	0,7
Schwinge					
Stadersand	1,8	3,7	3,2	-1,4	0,5
Stade	1,8	1,8	3,2	-1,4	-1,4

$MHW_{[NHN]}$: 1,8 m
$MHW_{[SKN]}$: 1,8 m

2. Schritt:

Die Differenz zwischen Seekartennull (SKN) und Normalhöhennull (NHN) berechnen:

0,0 m = MHW $1{,}8_{[NHN]}$ - MHW $1{,}8_{[SKN]}$

Ergebnis:

Das Seekartennull ist gleich dem Normalhöhennull.

In allen Nebenflüssen (z. B. Stör, Schwinge, Lesum, Leda, ...) ist das Bezugsniveau Seekartennull gleich dem Normalhöhennull.

9.6 Auf- und Untergangszeiten von Sonne und Mond

Frage:

Wann geht der Mond am 16. Januar 2022 auf und unter?

➔ Seite 120

120

Cuxhaven 2022

Auf- und Untergangszeiten von Sonne (☉) und Mond (☾)

Tag	Januar ☉ A	☉ U	☾ A	☾ U	Tag	Februar ☉ A	☉ U	☾ A	☾ U
1 Sa	8:43	16:14	7:33	14:31	1 Di ●	8:12	17:06	9:01	17:08
2 So ●	8:43	16:15	8:54	15:28	2 Mi	8:10	17:08	9:23	18:39
3 Mo	8:43	16:17	9:55	16:44	3 Do	8:08	17:10	9:39	20:06
4 Di	8:42	16:18	10:36	18:13	4 Fr	8:06	17:12	9:52	21:28
5 Mi	8:42	16:19	11:03	19:44	5 Sa	8:05	17:14	10:04	22:47
6 Do	8:42	16:21	11:21	21:11	**6 So**	8:03	17:16	10:15	
7 Fr	8:41	16:22	11:36	22:33	7 Mo	8:01	17:18	10:26	0:03
8 Sa	8:41	16:23	11:47	23:51	8 Di ◐	7:59	17:20	10:40	1:19
9 So ◐	8:40	16:25	11:58		9 Mi	7:57	17:22	10:57	2:33
10 Mo	8:39	16:26	12:09	1:06	10 Do	7:55	17:24	11:19	3:47
11 Di	8:39	16:28	12:21	2:20	11 Fr	7:53	17:26	11:49	4:56
12 Mi	8:38	16:29	12:35	3:34	12 Sa	7:51	17:28	12:31	5:58
13 Do	8:37	16:31	12:54	4:48	**13 So**	7:49	17:30	13:26	6:49
14 Fr	8:36	16:33	13:19	5:59	14 Mo	7:47	17:32	14:33	7:27
15 Sa	8:35	16:34	13:53	7:06	15 Di	7:45	17:34	15:48	7:56
16 So	8:34	16:36	14:39	8:05	16 Mi ○	7:43	17:36	17:07	8:17
17 Mo	8:33	16:38	15:39	8:51	17 Do	7:41	17:38	18:26	8:33

Ergebnis:

Monduntergang: 8:05, MEZ

Mondaufgang: 14:39, MEZ

Frage:
Wann geht der Sonne am 4. Juni 2022 auf und unter?
➔ Seite 122

122

Cuxhaven 2022
Auf- und Untergangszeiten von Sonne (☉) und Mond (☾)

Tag	Mai ☉ A	☉ U	☾ A	☾ U	Tag	Juni ☉ A	☉ U	☾ A	☾ U
1 So	5:49	20:56	6:09	21:54	1 Mi	5:01	21:46	5:50	
2 Mo	5:47	20:58	6:25	23:10	2 Do	5:00	21:47	6:38	0:15
3 Di	5:45	21:00	6:45		3 Fr	4:59	21:48	7:38	1:00
4 Mi	5:43	21:02	7:14	0:23	4 Sa	4:58	21:49	8:47	1:32
5 Do	5:41	21:03	7:53	1:28	**5 So**	4:58	21:50	10:01	1:55
6 Fr	5:39	21:05	8:45	2:21	**6 Mo**	4:57	21:51	11:18	2:13

Ergebnis:
Sonnenaufgang: 4:58, MESZ
Sonnenuntergang: 21:49, MESZ

9.7 Beobachtete höchste und niedrigste Hoch- und Niedrigwasserstände

Frage:
Wann und wie hoch war der höchste gemessene Wasserstand in Borkum über dem heutigen Seekartennull (SKN)?

1. Schritt:
Das höchste Hochwasser entnehmen:
➔ Seite 126

Beobachtete höchste und niedrigste Hoch- und Niedrigwasserstände

	Die Höhen (in Metern) sind auf NHN bezogen.							
	Höchste HW		Niedrigste HW		Höchste NW		Niedrigste NW	
	am	Höhe	am	Höhe	am	Höhe	am	Höhe
Helgoland	16.02.1962	3,87	07.12.1959	-1,15	06.11.1985	1,61	15.03.1964	-3,42
List	24.11.1981	4,05	07.12.1959	-1,62	26.01.1990	2,60	15.03.1964	-3,54
Dagebüll	24.11.1981	4,72	07.12.1959	-1,23	26.01.1990	2,57	31.12.1978	-3,70
Husum	03.01.1976	5,61	18.11.1916	-1,33	10.02.1949	3,17	07.12.1959	-3,20
Büsum	03.01.1976	5,15	03.02.1922	-1,86	23.02.1967	2,84	02.03.1987	-4,30
Cuxhaven	03.01.1976	5,10	16.01.1905	-1,61	23.02.1967	2,63	06.03.1881	-4,02
Brunsbüttel	03.01.1976	5,42	23.11.1995	-1,31	23.02.1967	3,09	25.01.1937	-3,64
Glückstadt	03.01.1976	5,83	16.01.1905	-1,62	23.02.1967	3,39	25.01.1937	-3,72
Hamburg	03.01.1976	6,45	17.01.1905	-1,77	23.02.1967	3,78	18.03.2018	-3,64
Bremerhaven	16.02.1962	5,36	16.01.1905	-1,45	17.02.1962	2,09	15.03.1964	-4,18
Bremen	17.02.1962	5,35	16.01.1905	-1,33	06.11.1985	1,65	15.03.1964	-3,22
Wilhelmshaven	16.02.1962	5,19	16.01.1905	-1,36	23.12.1894	2,36	15.02.1900	-4,40
Norderney	16.02.1962	4,09	01.11.1920	-1,57	06.11.1985	2,02	15.02.1900	-3,40
Borkum	13.03.1906	4,03	30.03.1968	-1,56	06.11.1985	1,76	15.03.1964	-3,46
Emden	13.03.1906	5,18	16.01.1905	-1,32	13.12.1894	2,69	15.03.1964	-3,80

Ergebnis:
Höchstes HW: 13. März 1906 mit 4,03 m NHN.

2. Schritt:
Das mittlere Hochwasser (MHW) über Normalhöhennull (NHN) und Seekartennull (SKN) entnehmen:
➔ Seite 119

119

Mittleres Hoch- und Niedrigwasser (in Metern)

Ort	MHW		MTH	MNW	
	NHN	SKN		NHN	SKN
Leyhörn, Leybucht c	1,4	3,2	2,5	-1,2	0,7
Fino 1.............................	0,8	2,2	1,7	-0,9	0,5
Borkum, Südstrand	1,1	2,9	2,3	-1,2	0,5
Borkum, Fischerbalje	**1,2**	**3,0**	**2,4**	**-1,2**	**0,6**

$MHW_{[NHN]}$: 1,2 m
$MHW_{[SKN]}$: 3,0 m

3. Schritt:
Die Differenz zwischen Seekartennull (SKN) und Normalhöhennull (NHN) berechnen:
1,8 m = MHW $1{,}2_{[NHN]}$ - MHW $3{,}0_{[SKN]}$

4. Schritt:
Das höchste Hochwasser mit 4,03 m über Normalhöhennull (NHN) auf das Bezugsystem Seekartennull (SKN) umrechnen:
5,83 m = höchstes HW $4{,}03_{[NHN]}$ + $1{,}8_{[NHN\text{-}SKN]}$

Ergebnis:
Das höchste gemessene Hochwasser am 13. März 1906 wäre 5,83 m über dem heutigen SKN.

Siehe auch im *Gezeitenkalender* die Grafik »Begriffsbestimmungen« auf Seite 6.

9.8 Anwendung der täglichen Wasserstandsvorhersage des Bundesamtes für Seeschifffahrt und Hydrographie (BSH)

Berechnung von Wasserständen mit Gezeitendaten und den Windstau-Daten (Wettereinflüsse), siehe Kapitel 4.2

Frage:
Wann und wie hoch wird voraussichtlich das Morgen-Hochwasser am 11. Mai 2022 bei Husum über Normalhöhennull eintreten?

1. Schritt:
Hochwasserzeit entnehmen:
➔ Seite 18

18

Husum, Schleuse 2022
Breite: 54° 28' N, Länge: 9° 01' E

Tag	Mai				Tag	Juni			
	HW - Zeit		NW - Zeit			HW - Zeit		NW - Zeit	
1 So	3:07	15:27	9:32	21:48	1 Mi	3:52	16:02	10:01	22:30
2 Mo	3:44	15:58	10:05	22:23	2 Do	4:25	16:34	10:29	23:02
3 Di	4:16	16:26	10:33	22:55	3 Fr	4:58	17:06	10:56	23:31
4 Mi	4:47	16:55	10:58	23:25	4 Sa	5:31	17:37	11:23	23:58
5 Do	5:18	17:24	11:21	23:50	**5 So**	6:04	18:11	11:52	
6 Fr	5:48	17:53	11:42		**6 Mo**	6:43	18:52	0:29	12:27
7 Sa	6:18	18:24	0:12	12:04	7 Di	7:29	19:40	1:07	13:09
8 So	6:54	19:04	0:35	12:32	8 Mi	8:23	20:38	1:54	14:04
9 Mo	7:44	20:01	1:11	13:19	9 Do	9:27	21:46	2:55	15:13
10 Di	8:53	21:18	2:11	14:34	10 Fr	10:36	22:56	4:06	16:28
11 Mi	10:15	22:41	3:37	16:05	11 Sa	11:41		5:18	17:41
12 Do	11:34	23:53	5:07	17:30	**12 So**	0:00	12:39	6:24	18:51

HWZ: 10:15, MESZ

2. Schritt:
Den mittleren Hochwasserwert (MHW) auf NHN entnehmen:
➔ Seite 114

114
Mittleres Hoch- und Niedrigwasser (in Metern)

Ort		MHW NHN	MHW SKN	MTH	MNW NHN	MNW SKN
Schlüttsiel		1,6	3,9	3,3	-1,6	0,7
Pellworm, Hoogerfähre	c	1,4	3,6	2,8	-1,4	0,8
Rummelloch, West		1,4	3,4	2,8	-1,4	0,6
Norderhever						
Süderoogsand		1,4	3,5	2,9	-1,5	0,6
Pellworm, Anleger		1,5	3,9	3,3	-1,7	0,7
Strucklahnungshörn, Nordstrand, AP		1,6	4,1	3,3	-1,8	0,7
Nordstrandischmoor	a	1,6	4,0	*	*	*
Holmer Siel	c	1,6	4,0	3,4	-1,8	0,6
Der Strand, Hamburger Hallig		1,6	4,0	3,4	-1,8	0,7
Heverstrom						
Südfall, Fahrwasserkante		1,6	3,9	3,3	-1,7	0,7
Everschopsiel		1,6	3,8	3,1	-1,5	0,7
Husum, Schleuse		**1,7**	**4,2**	**3,5**	**-1,8**	**0,7**

$MHW_{[NHN]}$: 1,7 m

3. Schritt:
Die Wasserstandvorsage aus den Internetseiten des BSH entnehmen:
https://wasserstand-nordsee.bsh.de/
Am Mittwoch werden das Morgen-Hochwasser an der deutschen Nordseeküste und in Emden sowie das Morgen-Hochwasser in Bremen und Hamburg etwa ¾ m höher als das mittlere Hochwasser eintreten.
Di, 11. Mai. 2022, 20:05

4. Schritt:
Das Morgen-Hochwasser über Normalhöhennull (NHN) berechnen:
Formel: $Wasserstand_{[NHN]}$ = $MHW_{[NHN]}$ + Wasserstandsvorhersage
2,45 m = 1,7 $m_{[NHN]}$ + 0,75 m
Runden: 2,45 m ➔ 2,5 m

Ergebnis:
Das Morgen-Hochwasser wird etwa gegen 10:15 Uhr (MESZ) aufgrund von starken Winden etwa 2,5 m über dem Normalhöhennull (NHN) eintreten.

Siehe auch im *Gezeitenkalender* Wasserstandsvorhersage auf Seite 5 und die Grafik »Begriffsbestimmungen« auf Seite 6.

10 Benutzung der Gezeitentafeln

Die Eintrittszeiten sind durchgängig entsprechend der gesetzlichen Zeit in Mitteleuropäischer Zeit (MEZ = UTC + 1h 00min) angegeben. Die Mitteleuropäische Sommerzeit (MESZ) wird in den Gezeitentafeln **nicht** angewendet. Siehe die Information unter den Tabellen.

10.1 Vorausberechnungen für einen Ort ermitteln

➔ Die Eintrittszeiten werden in der gesetzlichen Zeit des jeweiligen Landes angegeben.
➔ Die Höhen der Gezeit (HG) sind auf das örtliche Seekartennull (SKN) bezogen.

10.1.1 Vorausberechnungen ➔ Bezugsort

Frage:
Wann und wie hoch treten am 1. März 2022 am Mittag das Hochwasser und das folgende Niedrigwasser in Husum, Schleuse ein?

1. Schritt:
Eine Hilfstabelle anlegen:

	Nr.	*Ort*				
Vorausberechnungen Bezugsort, Teil I						

2. Schritt:
Die Vorausberechnungen des Bezugsortes aus dem »Teil I« heraussuchen:
➔ Seite 16

Husum, Schleuse 2022

Breite / Latitude: 54° 28' N Länge / Longitude: 9° 01' E

Zeiten und Höhen der Hoch- und Niedrigwasser / Times and heights of high and low waters

Januar / January						Februar / February						März / March						April / April					
	h min	m		h min	m		h min	m		h min	m		h min	m		h min	m		h min	m		h min	m
1 Sa	5 56 12 05 18 33	0,7 4,3 0,6	16 So	0 26 6 46 12 54 19 06	4,1 0,8 4,1 0,8	1 Di	1 24 8 06 14 02 20 22	4,3 0,5 4,2 0,6	16 Mi	1 37 8 07 14 04 20 22	4,1 0,5 4,1 0,5	1 Di	0 12 6 51 12 57 19 15	4,2 0,5 4,1 0,6	16 Mi	0 23 6 52 12 58 19 10	4,0 0,4 3,9 0,5	1 Fr	1 53 8 31 14 21 20 39	4,4 0,3 4,1 0,4	16 Sa	1 20 7 56 13 49 20 12	4,2 0,1 4,1 0,3
2 So	0 36 7 08 13 08 19 34	4,2 0,6 4,3 0,6	17 Mo	1 14 7 38 13 40 19 54	4,2 0,7 4,1 0,7	2 Mi	2 20 9 03 14 54 21 12	4,4 0,4 4,3 0,6	17 Do	2 16 8 50 14 43 21 04	4,2 0,4 4,1 0,5	2 Mi	1 18 8 01 13 56 20 15	4,3 0,4 4,2 0,6	17 Do	1 11 7 43 13 41 19 59	4,1 0,3 4,0 0,4	2 Sa	2 35 9 09 14 57 21 18	4,4 0,3 4,2 0,3	17 So	2 02 8 41 14 28 20 57	4,3 0,1 4,2 0,2

Ergebnis:
Das Hochwasser in Husum tritt um 12:57 Uhr MEZ mit einer Höhe der Gezeit (HG) von 4,1 müber SKN ein. Das folgende Niedrigwasser ist um 19:15 Uhr mit einer HG von 0,6 m.

10.1.2 Vorausberechnungen → Anschlussort

Frage:
Wann und wie hoch treten am 17. November 2022 mittags das Niedrigwasser und das folgende Hochwasser in Rummelloch, West ein?

1. Schritt:
Aus dem »Teil IV«, Tafel 4 ist die Spring-, Mitt-, oder Nippzeit zu entnehmen:
→ Seite 205

Tafel 4

Spring (Sp)-, Mitt (M)- und Nipp (Np)-Zeiten. 2022

Tag	Jan	Feb	Mrz	Apr	Mai	Jun	Jul	Aug	Sep	Okt	Nov	Dez	Tag
15	M	M	M	M	M	**Sp**	**Sp**	**Sp**	M	M	M	M	**15**
16	M	**Sp**	M	**Sp**	**Sp**	**Sp**	**Sp**	M	M	M	Np	Np	**16**
17	M	**Sp**	M	**Sp**	**Sp**	**Sp**	M	M	Np	Np	Np	Np	**17**

→ Seite 205: Nippzeit

2. Schritt:
Eine Hilfstabelle anlegen:

	Nr.	*Ort*				
Vorausberechnungen Bezugsort, Teil I						
Unterschiede Anschlussort, Teil II						
Ergebnis, Anschlussort						

3. Schritt:
Den Anschlussort im »Ortsverzeichnis« suchen, die Nummer in die Hilfstabelle eintragen und im »Teil II Gezeitenunterschiede« suchen:
→ Rummelloch, WestNr. 642c
→ Seite 174

4. Schritt:
Gleichzeitig kann auch der Bezugsort des Anschlussortes aus dem »Teil II« ermittelt werden:
→ 510 Husum (Seite 16–18)

5. Schritt:

Die Vorausberechnungen des Bezugsortes aus dem »Teil I« heraussuchen:

➔ Seite 18

Husum, Schleuse 2022

Breite / Latitude: 54° 28' N **Länge** / Longitude: 9° 01' E

Zeiten und Höhen der Hoch- und Niedrigwasser / Times and heights of high and low waters

September / September

	h min	m		h min	m
1	4 46	4,2	**16**	5 15	4,0
	10 49	0,6		11 23	0,5
Do	16 56	4,5	Fr	17 33	4,2
	23 17	0,5		23 36	0,6
2	5 20	4,2	**17**	5 43	4,0
	11 22	0,6		11 43	0,6
Fr	17 32	4,4	Sa	18 03	4,0
	23 49	0,6		23 52	0,8

Oktober / October

	h min	m		h min	m
1	4 50	4,2	**16**	5 06	4,1
	11 02	0,6		11 12	0,6
Sa	17 08	4,3	So	17 28	3,9
	23 19	0,6		23 13	0,9
2	5 26	4,1	**17**	5 36	4,0
	11 36	0,6		11 33	0,9
So	17 50	4,1	Mo	18 04	3,8
	23 49	0,8		23 39	1,1

November / November

	h min	m		h min	m
1	6 00	4,1	**16**	5 53	4,1
	12 19	0,7		11 57	1,0
Di	18 42	3,9	Mi	18 31	3,7
2	0 28	1,0	**17**	0 08	1,2
	7 04	4,1		6 47	4,0
Mi	13 20	0,8	Do	12 54	1,1
	19 55	3,8		19 35	3,7

Dezember / December

	h min	m		h min	m
1	0 32	0,9	**16**	6 20	4,1
	6 58	4,3		12 35	0,9
Do	13 26	0,8	Fr	18 58	3,8
	19 45	3,9			
2	1 33	1,0	**17**	0 45	1,0
	8 08	4,3		7 12	4,0
Fr	14 33	0,9	Sa	13 28	0,8
	20 57	3,9		19 55	3,7

	Nr.	*Ort*	*NWZ*	*NWH*	*HWZ*	*HWH*
Vorausberechnungen Bezugsort, Teil I, Seite 18	*510*	*Husum*	*12:54 Uhr*	*1,1 m*	*19:35 Uhr*	*3,7 m*
Unterschiede Anschlussort, Teil II						
Ergebnis, Anschlussort						

6. Schritt:

Die Zeitenunterschiede für den Anschlussort aus dem »Teil II« heraussuchen und bei den Höhenunterschieden die entsprechenden Spring- bzw. Nippwerte entnehmen:

➔ Seite 174

						Mittlere Höhen des Bezugsortes			
510	**Bezugsort: Husum, Schleuse (Seite 16-18)**	**54°28'N**	**9°01'E**			**SpHW** 4,4	**NpHW** 3,9	**SpNW** 0,5	**NpNW** 0,9
643	Hever, Tonne	54 20	8 19	- 1 46	*	*	*	*	*
642 C	Rummelloch, West r)	54 29	8 32	- 0 40	- 0 07 **D2**	-0,8	-0,7	0,0	-0,1
	Norderhever								
645	Süderoogsand	54 25	8 31	- 0 51	- 0 32 **D2**	-0,7	-0,6	0,0	0,0

	Nr.	*Ort*	*NWZ*	*NWH*	*HWZ*	*HWH*
Vorausberechnungen Bezugsort, Teil I, Seite 18	*510*	*Husum*	*12:54 Uhr*	*1,1 m*	*19:35 Uhr*	*3,7 m*
Unterschiede Anschlussort, Teil II, Seite 174	*642c*	*Rummelloch, West*	*- 0h 07 min*	*- 0,1 m*	*- 0h 40 min*	*- 0,7 m*
Ergebnis, Anschlussort						

7. Schritt:
Die Zeiten und Höhen addieren oder subtrahieren und die Ergebnisse der Höhen gegebenenfalls auf Dezimeter [dm] runden:

	Nr.	Ort	NWZ	NWH	HWZ	HWH
Vorausberechnungen Bezugsort, Teil I, Seite 18	*510*	*Husum*	*12:54 Uhr*	*1,1 m*	*19:35 Uhr*	*3,7 m*
Unterschiede Anschlussort, Teil II, Seite 174	*642c*	*Rummelloch, West*	*- 0h 07 min*	*- 0,1 m*	*- 0h 40 min*	*- 0,7 m*
Ergebnis, Anschlussort	*642c*	*Rummelloch, West*	*12:47 Uhr*	*1,0 m*	*18:55 Uhr*	*3,0 m*

Ergebnis:
Das Niedrigwasser in Rummelloch, West tritt um 12:47 Uhr MEZ mit einer Höhe der Gezeit (HG) von 1,0 m über SKN ein.
Das folgende Hochwasser ist um 18:55 Uhr mit 3,0 m.

10.2 Gezeitengrundwerte für einen Ort ermitteln

➔ Die Eintrittszeiten sind durchgängig entsprechend der gesetzlichen Zeit in Mitteleuropäischer Zeit (MEZ) angegeben. Siehe die Information unter den Tabellen.

➔ Die Gezeitengrundwerte (z. B. MSpHW) sind auf das örtliche Seekartennull (SKN) bezogen.

10.2.1 Gezeitengrundwerte ➔ Bezugsort

Frage:
Wie hoch ist das MSpHW, MNpHW, MSpNW und das MNpNW von Wilhelmshaven?

Schritt:
Die Gezeitengrundwerte aus »Teil II« direkt aus der grau unterlegten Zeile entnehmen:
➔ Seite 177

						Mittlere Höhen des Bezugsortes			
512	**Bezugsort: Wilhelmshaven, Alter Vorhafen (Seite 51-53)**	**53°31'N**	**8°09'E**			**SpHW**	**NpHW**	**SpNW**	**NpNW**
						4,8	**4,3**	**0,5**	**1,1**
	UTC + 1 h 00min	N	E						
	Jadegebiet								
754	Wangerooge, Langes Riff, Nord	53 48	7 56	- 1 06	- 0 36	-1,1	-1,0	-0,1	-0,2
756	Wangerooge, Ost	53 46	7 59	- 0 52	- 0 28	-1,0	-0,9	-0,1	-0,1
760	Mellumplate, Leuchtturm	53 46	8 06	- 0 42	- 0 17	-0,9	-0,8	0,0	-0,1

	Nr.	*Ort*	*MSpHW*	*MNpHW*	*MSpNW*	*MNpNW*
Grundwerte Bezugsort, Teil II, Seite 177	*512*	*Wilhelmshaven*	*4,8 m*	*4,3 m*	*0,5 m*	*1,1 m*

Ergebnis:
MSpHW 4,8 m MNpHW 4,3 m
MSpNW 0,5 m MNpNW 1,1 m
Die Gezeitengrundwerte sind auf Seekartennull (SKN) bezogen.

Frage:
Wie groß ist der MSpTH, MNpTH und der MTH von Wilhelmshaven?

Lösung:
Werte aus der vorherigen Aufgabe übernehmen:

MSpTH = MSpHW - MSpNW ➔ 4,8 - 0,5 = 4,3 m
MNpTH = MNpHW - MNpNW ➔ 4,3 - 1,1 = 3,2 m
MTH = (MSpTH + MNpTH) / 2 ➔ (4,3 + 3,2) / 2 = 3,75 m

Ergebnis:
MSpTH 4,3 m
MNpTH 3,2 m
MTH 3,8 m

10.2.2 Gezeitengrundwerte ➔ Anschlussort

Frage:
Wie hoch ist das MSpHW, MNpHW, MSpNW und das MNpNW von Schillig?

1. Schritt:
Eine Hilfstabelle anlegen:

	Nr.	*Ort*				
Grundwerte Bezugsort						
Unterschiede Anschlussort						
Ergebnis, Anschlussort						

2. Schritt:
Den Anschlussort im »Ortsverzeichnis« suchen, die Nummer in die Hilfstabelle eintragen:

➔ Schillig Nr. 761
➔ Seite 177

3. Schritt:

Die Gezeitengrundwerte »Teil II« vom zugehörigen Bezugsort direkt aus der grau unterlegten Zeile entnehmen:

➔ Seite 177

512	Bezugsort: **Wilhelmshaven, Alter Vorhafen** (Seite 51-53)	53°31'N	8°09'E			Mittlere Höhen des Bezugsortes SpHW	NpHW	SpNW	NpNW
						4,8	4,3	0,5	1,1
	UTC + 1 h 00min	N	E						
	Jadegebiet								
754	Wangerooge, Langes Riff, Nord	53 48	7 56	- 1 06	- 0 36	-1,1	-1,0	-0,1	-0,2
756	Wangerooge, Ost	53 46	7 59	- 0 52	- 0 28	-1,0	-0,9	-0,1	-0,1
760	Mellumplate, Leuchtturm	53 46	8 06	- 0 42	- 0 17	-0,9	-0,8	0,0	-0,1
761	Schillig	53 42	8 03	- 0 29	- 0 14	-0,6	-0,6	0,0	-0,1
764 B	Hooksielplate	53 40	8 09	- 0 17	- 0 07	-0,5	-0,4	0,0	0,0

	Nr.	Ort	MSpHW	MNpHW	MSpNW	MNpNW
Grundwerte Bezugsort, Teil II, Seite 177	512	Wilhelmshaven	4,8 m	4,3 m	0,5 m	1,1 m
Unterschiede Anschlussort						
Ergebnis, Anschlussort						

4. Schritt:

Im »Teil II Gezeitenunterschiede« die mittleren Höhenunterschiede des Anschlussortes entnehmen:

	Nr.	Ort	MSpHW	MNpHW	MSpNW	MNpNW
Grundwerte Bezugsort, Teil II, Seite 177	512	Wilhelmshaven	4,8 m	4,3 m	0,5 m	1,1 m
Unterschiede Anschlussort, Teil II, Seite 177	761	Schillig	–0,6 m	–0,6 m	0,0 m	–0,1 m
Ergebnis, Anschlussort						

5. Schritt:

Gezeitengrundwerte berechnen:

	Nr.	Ort	MSpHW	MNpHW	MSpNW	MNpNW
Grundwerte Bezugsort, Teil II, Seite 177	512	Wilhelmshaven	4,8 m	4,3 m	0,5 m	1,1 m
Unterschiede Anschlussort, Teil II, Seite 177	761	Schillig	–0,6 m	–0,6 m	0,0 m	–0,1 m
Ergebnis, Anschlussort	761	Schillig	4,2 m	3,7 m	0,5 m	1,0 m

Ergebnis:

MSpHW 4,2 m MNpHW 3,7 m
MSpNW 0,5 m MNpNW 1,0 m
Die Gezeitengrundwerte sind auf Seekartennull (SKN) bezogen.

Frage:
Frage: Wie groß ist der MSpTH, MNpTH und der MTH von Schillig?

Lösung:
Werte aus der vorherigen Aufgabe übernehmen:
MSpTH = MSpHW - MSpNW ➔ 4,2 - 0,5 = 3,7 m
MNpTH = MNpHW - MNpNW ➔ 3,7 - 1,0 = 2,7 m
MTH = (MSpTH + MNpTH) / 2 ➔ (3,7 + 2,7) / 2 = 3,2 m

Ergebnis:
MSpTH 3,7 m
MNpTH 2,7 m
MTH 3,2 m

10.3 Anwendung der Wasserstandsvorhersage des Bundesamtes für Seeschifffahrt und Hydrographie (BSH), Hamburg

Berechnung von Wasserständen mit Gezeitendaten und den Windstau-Daten (Wettereinflüsse), siehe Kapitel 4.2

10.3.1 Wasserstand ➔ Bezugsort

Frage:
Wie hoch wird wahrscheinlich am 1. Februar 2022 gegen Mittag der wetterbeeinflusste Wasserstand über SKN bei Cuxhaven, Steubenhöft eintreten?

Die Wasserstandvorsage aus den Internetseiten des BSH entnehmen:
https://wasserstand-nordsee.bsh.de/
Am Dienstag wird das Mittag-Hochwasser in der Elbe etwa 2 m höher als das mittlere Hochwasser (MHW) eintreten.

1. Schritt:
Eine Hilfstabelle anlegen:

	Nr.	*Ort*		
Vorausberechnungen Bezugsort, Teil I				
Mittlere HW Teil III				
BSH-Wasserstandsvorhersage				
Ergebnis, Bezugsort				

2. Schritt:

Die Hochwasserzeit des Bezugsortes aus dem »Teil I« heraussuchen:
➔ Seite 27

Cuxhaven, Steubenhöft, Elbe 2022

Breite / Latitude: 53° 52' N   Länge / Longitude: 8° 43' E

Zeiten und Höhen der Hoch- und Niedrigwasser / Times and heights of high and low waters

Januar / January

Tag	h min	m	Tag	h min	m
1	5 45	0,6	16	6 39	0,7
	11 21	3,6		12 13	3,4
Sa	18 18	0,5	So	18 58	0,7
	23 51	3,6			
2	6 50	0,5	17	0 32	3,6
	12 23	3,6		7 25	0,6
So	19 17	0,5	Mo	12 58	3,4
●				19 39	0,6

Februar / February

Tag	h min	m	Tag	h min	m
1	0 38	3,7	16	0 52	3,5
	7 44	0,4		7 49	0,4
Di	13 17	3,5	Mi	13 21	3,4
●	20 05	0,5	○	20 02	0,4
2	1 32	3,8	17	1 30	3,6
	8 38	0,3		8 29	0,3
Mi	14 09	3,6	Do	13 59	3,5
	20 55	0,5		20 40	0,4

März / March

Tag	h min	m	Tag	h min	m
1	6 36	0,4	16	6 40	0,3
	12 13	3,4		12 17	3,3
Di	19 01	0,6	Mi	18 57	0,5
2	0 31	3,7	17	0 27	3,5
	7 39	0,3		7 25	0,2
Mi	13 10	3,5	Do	12 58	3,4
●	19 57	0,5		19 39	0,4

April / April

Tag	h min	m	Tag	h min	m
1	1 02	3,8	16	0 33	3,6
	8 07	0,2		7 32	0,1
Fr	13 34	3,5	Sa	13 03	3,5
●	20 19	0,3	○	19 49	0,3
2	1 42	3,8	17	1 12	3,7
	8 44	0,2		8 12	0,1
Sa	14 10	3,6	So	13 41	3,6
	20 54	0,3		20 29	0,2

	Nr.	*Ort*	*HWZ*	*MHW*
Vorausberechnungen Bezugsort, Teil I, Seite 27	*506*	*Cuxhaven*	*13:17 Uhr*	
Mittlere HW Teil III				
BSH-Wasserstandsvorhersage				
Ergebnis, Bezugsort				

3. Schritt:

Das mittlere Hochwasser (MHW) aus dem »Teil III« heraussuchen:
➔ Seite 197

Mittleres Hoch- und Niedrigwasser | 197

Nr.	Ort	Breite Nord ° '	Länge Ost ° '	MHW ü. NHN m	MHW ü. SKN m	MTH m	MNW ü. NHN m	MNW ü. SKN m
	Meldorfer Bucht							
667 B	Meldorf, Sperrw erk, Außenpegel	54 06	8 57	1,64	3,84	3,27	-1,63	0,57
	Elbegebiet							
	Norderelbe							
673	Trischen, West	54 04	8 40	1,51	3,61	3,02	-1,51	0,59
675 C	Mittelplate	54 02	8 45	1,55	3,65	3,06	-1,51	0,59
675	Friedrichskoog, Hafen, Außenpegel	54 00	8 53	1,54	3,58	*	*	*
677 C	Scharhörnriff, Bake A	53 59	8 19	1,48	3,58	2,89	-1,40	0,70
677	Scharhörn, Bake C	53 58	8 28	1,49	3,61	3,01	-1,52	0,60
676	Zehnerloch	53 57	8 40	1,49	3,61	2,93	-1,44	0,68
678 W	Neuw erk, Anleger	53 55	8 29	1,55	3,65	*	*	*
506	**Cuxhaven, Steubenhöft**	**53 52**	**8 43**	**1,53**	**3,53**	**2,93**	**-1,40**	**0,60**

	Nr.	Ort	HWZ	MHW
Vorausberechnungen Bezugsort, Teil I, Seite 27	506	Cuxhaven	13:17 Uhr	
Mittlere HW Teil III, Seite 197	506	Cuxhaven		3,53 m
BSH-Wasserstandsvorhersage				
Ergebnis, Bezugsort				

4. Schritt:
Die BSH-Wasserstandsvorhersage eintragen:

	Nr.	Ort	HWZ	MHW
Vorausberechnungen Bezugsort, Teil I, Seite 27	506	Cuxhaven	13:17 Uhr	
Mittlere HW Teil III, Seite 197	506	Cuxhaven		3,53 m
BSH-Wasserstandsvorhersage		Revier Elbe		+2,0 m
Ergebnis, Bezugsort				

5. Schritt:
Wasserstand berechnen:

	Nr.	Ort	HWZ	MHW
Vorausberechnungen Bezugsort, Teil I, Seite 27	506	Cuxhaven	13:17 Uhr	
Mittlere HW Teil III, Seite 197	506	Cuxhaven		3,53 m
BSH-Wasserstandsvorhersage		Revier Elbe		+2,0 m
Ergebnis, Bezugsort	506	Cuxhaven	13:17 Uhr	5,53 m

Ergebnis:
Das Hochwasser in Cuxhaven, Steubenhöft wird aufgrund von starken Winden etwa gegen 13:17 Uhr MEZ mit einer Höhe von 5,5 m über SKN eintreten.

10.4 Höhe der Gezeit (HG) zu einem bestimmten Zeitpunkt ermitteln

10.4.1 Höhe der Gezeit (HG) zu einem bestimmten Zeitpunkt ➔ Bezugsort

Frage:
Wie hoch ist am 16. Juni 2022 um 17:55 Uhr der Gezeitenwasserstand (ohne Windstaudaten) über SKN bei der Büsum-Schleuse zu erwarten?

1. Schritt:
Aus dem »Teil IV«, Tafel 4 die Spring-, Mitt-, oder Nipp-Zeit entnehmen:
➔ Seite 205

Tafel 4

Spring (Sp)-, Mitt (M)- und Nipp (Np)-Zeiten. 2022

Tag	Jan	Feb	Mrz	Apr	Mai	Jun	Jul	Aug	Sep	Okt	Nov	Dez	Tag
14	M	M	M	M	M	Sp	Sp	Sp	M	M	M	M	14
15	M	M	M	M	M	Sp	Sp	Sp	M	M	M	M	15
16	M	Sp	M	Sp	Sp	Sp	Sp	M	M	M	Np	Np	16
17	M	Sp	M	Sp	Sp	Sp	M	M	Np	Np	Np	Np	17

➔ Seite 205: Springzeit

2. Schritt:
Eine Hilfstabelle anlegen:

	Nr.	Ort				
Vorausberechnungen Bezugsort, Teil I						

3. Schritt:

Die Vorausberechnungen vor und nach 17:55 Uhr des Bezugsortes aus dem »Teil I« heraussuchen:

➔ Seite 22

Büsum, Schleuse 2022

Breite / Latitude: 54° 07' N Länge / Longitude: 8° 52' E

Zeiten und Höhen der Hoch- und Niedrigwasser / Times and heights of high and low waters

Mai / May						Juni / June						Juli / July						August / August					
	h min	m		h min	m		h min	m		h min	m		h min	m		h min	m		h min	m		h min	m
1	0 59	4,0	16	0 23	4,0	1	1 46	3,9	16	1 40	3,9	1	2 06	3,8	16	2 32	3,9	1	3 00	3,8	16	3 44	3,8
	7 20	0,3		6 52	0,2		7 44	0,5		7 57	0,3		7 53	0,6		8 46	0,4		8 54	0,6		9 58	0,4
So	13 21	3,8	Mo	12 51	3,9	Mi	13 56	4,0	Do	13 59	4,1	Fr	14 13	4,0	Sa	14 42	4,2	Mo	15 03	4,1	Di	15 50	4,2
	19 44	0,3		19 20	0,2		20 05	0,4		20 31	0,2		20 21	0,5		21 15	0,3		21 18	0,5		22 17	0,4
2	1 35	4,0	17	1 08	4,0	2	2 19	3,8	17	2 35	3,9	2	2 40	3,8	17	3 23	3,9	2	3 32	3,8	17	4 19	3,7
	7 52	0,3		7 37	0,2		8 10	0,5		8 47	0,4		8 25	0,6		9 35	0,4		9 25	0,6		10 22	0,4
Mo	13 51	3,9	Di	13 33	4,0	Do	14 27	4,0	Fr	14 49	4,1	Sa	14 46	4,1	So	15 29	4,2	Di	15 37	4,1	Mi	16 29	4,1
	20 11	0,3		20 05	0,2		20 33	0,5		21 19	0,2		20 53	0,5		22 01	0,3		21 46	0,6		22 43	0,4

	Nr.	Ort	HWZ	HWH	NWZ	NWH
Vorausberechnungen Bezugsort, Teil I, Seite 22	*505*	*Büsum*	*13:59 Uhr*	*4,1 m*	*20:31 Uhr*	*0,2 m*

4. Schritt:

Die Steig- (SD) oder Falldauer (FD) des Bezugsortes berechnen und die Zeit in ein Längenmaß [cm] umwandeln.

➔ FD: 20:31 - 13:59 = 6 Std. 32 Min. 392 min / 60 = 6,5333 cm

5. Schritt:

Eine neue Springtidenkurve für den Bezugsort in das Tidenkurvenblatt einzeichnen, dabei muss man sich an der Spring- bzw. Nippkurve orientieren:

➔ HWH = 4,1 m NWH = 0,2 m FD = 6,533 cm

6. Schritt:

Jeweils vom HW- und NW-Zeitpunkt den Zeitunterschied zu **17:55 Uhr** berechnen und die Zeit in ein Längenmaß [cm] umwandeln. Die Zeitunterschiede in die neue Tidenkurve einzeichnen und die gesuchte Höhe ablesen:

➔ vom HW 17:55 - 13:59 = 3 Std. 56 Min.
236 min / 60 = 3,93 cm ablesen: ➔ 1,19 m

➔ vom NW 20:31 - 17:55 = 2 Std. 36 Min.
156 min / 60 = 2,60 cm ablesen: ➔ 1,21 m

7. Schritt:

Die zwei abgelesenen Werte mitteln und auf eine Stelle nach dem Komma runden:

➔ (1,19 + 1,21) / 2 = 1,20 m
runden ➔ 1,2 m

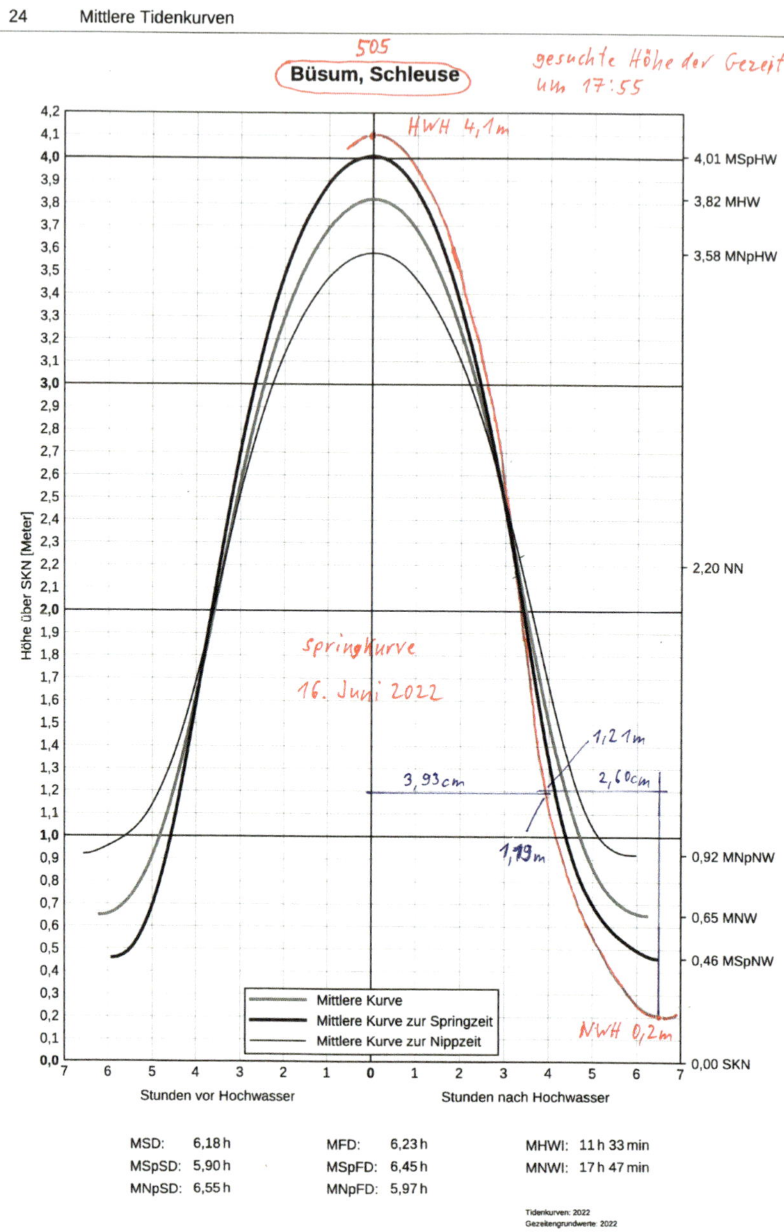

Ergebnis:

Für den Bezugsort Büsum ist zum gesuchten Zeitpunkt 17:55 Uhr MEZ eine Höhe der Gezeit von 1,2 m über SKN zu erwarten. Um die Eintrittszeit in MESZ (Sommerzeit) zu erhalten, muss noch eine Stunde addiert werden.

10.4.2 Höhe der Gezeit (HG) zu einem bestimmten Zeitpunkt → Anschlussort

Frage:
Wie hoch ist am 1. November 2022 um 14:40 Uhr der Gezeitenwasserstand über SKN bei Trischen, West?

1. Schritt:
Aus dem »Teil IV«, Tafel 4 die Spring-, Mitt-, oder Nipp-Zeit entnehmen:
→ Seite 205

Tafel 4

Spring (Sp)-, Mitt (M)- und Nipp (Np)-Zeiten. 2022

Tag	Jan	Feb	Mrz	Apr	Mai	Jun	Jul	Aug	Sep	Okt	Nov	Dez	Tag
1	M	Sp	M	Sp	Sp	Sp	Sp	M	M	M	Np	Np	1
2	Sp	Sp	Sp	Sp	Sp	Sp	Sp	M	M	M	Np	Np	2
3	Sp	Sp	Sp	Sp	Sp	M	M	M	Np	Np	Np	Np	3
4	Sp	Sp	Sp	Sp	M	M	M	M	Np	Np	Np	M	4

→ Seite 205: Nippzeit

2. Schritt:
Eine Hilfstabelle anlegen:

	Nr.	*Ort*				
Vorausberechnungen Bezugsort, Teil I						
Unterschiede Anschlussort, Teil II						
Ergebnis, Anschlussort						

3. Schritt:
Den Anschlussort im »Ortsverzeichnis« suchen, die Nummer in die Hilfstabelle eintragen und den Ort im »Teil II« suchen:
→ Trischen, West Nr. 673
→ Seite 175

4. Schritt:
Gleichzeitig kann auch der Bezugsort für den Anschlussort aus dem »Teil II« ermittelt werden:
→ 505 Büsum (Seite 21–23)

5. Schritt:

Die Vorausberechnungen vor und nach 14:40 Uhr des Bezugsortes aus dem »Teil I« heraussuchen:

➔ Seite 23

Büsum, Schleuse 2022

Breite / Latitude: 54° 07' N   Länge / Longitude: 8° 52' E

Zeiten und Höhen der Hoch- und Niedrigwasser / Times and heights of high and low waters

September / September						Oktober / October						November / November						Dezember / December					
	h min	m		h min	m		h min	m		h min	m		h min	m		h min	m		h min	m		h min	m
1	3 45	3,9	16	4 10	3,7	1	3 49	3,9	16	4 02	3,7	1	4 57	3,8	16	4 52	3,7	1	5 56	3,9	16	5 18	3,8
	9 44	0,6		10 10	0,5		9 53	0,6		9 51	0,7		11 02	0,7		10 48	1,0		12 08	0,8		11 27	0,8
Do	15 51	4,1	Fr	16 29	3,9	Sa	16 04	4,0	So	16 27	3,6	Di	17 41	3,6	Mi	17 33	3,4	Do	18 45	3,5	Fr	17 59	3,5
	22 00	0,6		22 24	0,6		22 04	0,7		22 03	0,8	◐	23 26	1,0	◑	23 11	1,1				◑	23 44	0,9
2	4 19	3,9	17	4 38	3,6	2	4 23	3,8	17	4 33	3,6	2	6 02	3,8	17	5 49	3,6	2	0 31	1,0	17	6 11	3,7
	10 11	0,6		10 25	0,6		10 20	0,7		10 16	0,8		12 08	0,9		11 57	1,1		7 05	3,9		12 22	0,8
Fr	16 26	4,0	Sa	16 59	3,7	So	16 46	3,8	Mo	17 04	3,4	Mi	18 56	3,5	Do	18 40	3,3	Fr	13 16	0,9	Sa	18 57	3,4
	22 25	0,6	◑	22 41	0,8		22 34	0,8	◑	22 36	1,0								19 59	3,5			

	Nr.	Ort	NWZ	NWH	HWZ	HWH
Vorausberechnungen Bezugsort, Teil I, Seite 23	*505*	*Büsum*	*11:02 Uhr*	*0,7 m*	*17:41 Uhr*	*3,6 m*
Unterschiede Anschlussort, Teil II						
Ergebnis, Anschlussort						

6. Schritt:

Die Zeitenunterschiede für den Anschlussort aus dem »Teil II« heraussuchen und bei den Höhenunterschieden die entsprechenden Spring- bzw. Nippwerte entnehmen:

➔ Seite 175

Nr.	Ort	Geographische Lage		mittlere Zeitunterschiede				mittlere Höhenunterschiede			
		Breite	Länge	HW		NW		HW		NW	
		° '	° '	h min	Tf.6	h min	Tf.6	m	m	m	m
								Mittlere Höhen des Bezugsortes			
505	**Bezugsort: Büsum, Schleuse (Seite 21-23)**	**54°07'N**	**8°52'E**					**SpHW 4,0**	**NpHW 3,6**	**SpNW 0,5**	**NpNW 0,9**
	UTC + 1 h 00min	**N**	**E**								
	Süderpiep										
670	Süderpiep, Tonne	54 06	8 26	- 0 37		*		*	*	*	*
	Norderelbe										
672	Norderelbe, Tonne	54 03	8 25	- 0 31		*		*	*	*	*
673	Trischen, West	54 04	8 40	- 0 15		+ 0 11	E1	-0,2	-0,2	-0,1	0,0
675 C	Mittelplate	54 02	8 45	- 0 02		+ 0 33		-0,2	-0,2	-0,1	0,0
675	Friedrichskoog, Hafen, Außenpegel . . . . r)	54 00	8 53	+ 0 26		*		-0,2	-0,2	*	*

	Nr.	Ort	NWZ	NWH	HWZ	HWH
Vorausberechnungen Bezugsort, Teil I, Seite 23	*505*	*Büsum*	*11:02 Uhr*	*0,7 m*	*17:41 Uhr*	*3,6 m*
Unterschiede Anschlussort, Teil II, Seite 175	*673*	*Trischen, West*	*+0h 11min*	*0,0 m*	*-0h 15min*	*- 0,2 m*
Ergebnis, Anschlussort						

7. Schritt:
Die Zeiten und Höhen zusammenzählen und die Ergebnisse der Höhen auf Dezimeter [dm] runden:

	Nr.	Ort	NWZ	NWH	HWZ	HWH
Vorausberechnungen Bezugsort, Teil I, Seite 23	*505*	*Büsum*	*11:02 Uhr*	*0,7 m*	*17:41 Uhr*	*3,6 m*
Unterschiede Anschlussort, Teil II, Seite 175	*673*	*Trischen, West*	*+0h 11min*	*0,0 m*	*-0h 15min*	*- 0,2 m*
Ergebnis, Anschlussort	*673*	*Trischen, West*	*11:13 Uhr*	*0,7 m*	*17:26 Uhr*	*3,4 m*

8. Schritt:
Die Steig- (SD) oder Falldauer (FD) des Anschlussortes berechnen und die Zeit in ein Längenmaß [cm] umwandeln.
➔ SD: 17:26 - 11:13 = 6 Std. 13 Min. 373 min / 60 = 6,22 cm

9. Schritt:
Eine neue Nipptidenkurve für den Anschlussort in das Tidenkurvenblatt des Bezugsorts einzeichnen, wobei man sich an der Spring- bzw. Nippkurve orientieren muss:
➔ NWH = 0,7 m HWH = 3,4 m SD = 6,22 cm

10. Schritt:
Jeweils vom NW- und HW-Zeitpunkt den Zeitunterschied (Anschlussort) zu **14:40 Uhr** berechnen und die Zeit in ein Längenmaß [cm] umwandeln. Die Zeitunterschiede in die neue Tidenkurve einzeichnen und die gesuchte Höhe ablesen:
➔ vom NW 14:40 - 11:13 = 3 Std. 27 Min.
207 min / 60 = 3,45 cm ablesen: ➔ 2,27 m
➔ vom HW 17:26 - 14:40 = 2 Std. 46 Min.
166 min / 60 = 2,77 cm ablesen: ➔ 2,28 m

11. Schritt:
Die zwei abgelesenen Werte mitteln und auf eine Stelle nach dem Komma runden:
➔ (2,27 + 2,28) / 2 = 2,275 m
runden ➔ 2,3 m

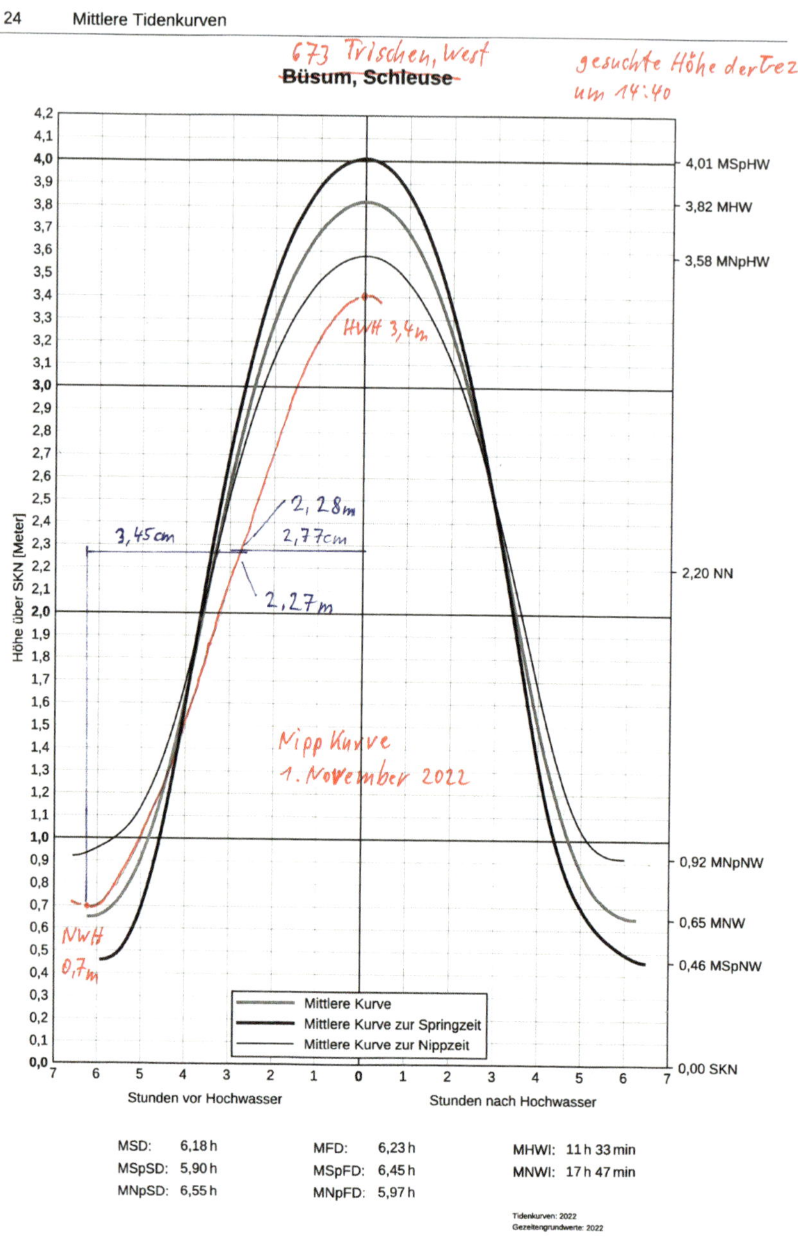

Ergebnis:

Für den Anschlussort Trischen, West ist zum gesuchten Zeitpunkt 14:40 Uhr MEZ eine Höhe der Gezeit von 2,3 m über SKN zu erwarten.

10.5 Zeit zu einer bestimmten Höhe der Gezeit (HG) ermitteln

10.5.1 Zeit zu einer bestimmten Höhe der Gezeit (HG) ➔ Bezugsort

Frage:
Um welche Uhrzeit ist am Nachmittag des 1. Mai 2022 eine Höhe der Gezeit von 1,6 m über SKN in Cuxhaven zu erwarten?

1. Schritt:
Aus dem »Teil IV«, Tafel 4 die Spring-, Mitt-, oder Nipp-Zeit entnehmen:
➔ Seite 205

Tafel 4

Spring (Sp)-, Mitt (M)- und Nipp (Np)-Zeiten. 2022

Tag	Jan	Feb	Mrz	Apr	Mai	Jun	Jul	Aug	Sep	Okt	Nov	Dez	Tag
1	M	Sp	M	Sp	Sp	Sp	Sp	M	M	M	Np	Np	1
2	Sp	Sp	Sp	Sp	Sp	Sp	Sp	M	M	M	Np	Np	2
3	Sp	Sp	Sp	Sp	Sp	M	M	M	Np	Np	Np	Np	3
4	Sp	Sp	Sp	Sp	M	M	M	M	Np	Np	Np	M	4

➔ Seite 205: Springzeit

2. Schritt:
Eine Hilfstabelle anlegen:

	Nr.	*Ort*				
Vorausberechnungen Bezugsort, Teil I						

3. Schritt:
Die Vorausberechnungen um die Nachmittagszeit des Bezugsortes aus dem »Teil I« heraussuchen:
➔ Seite 27

Cuxhaven, Steubenhöft, Elbe 2022

Breite / Latitude: 53° 52' N **Länge** / Longitude: 8° 43' E

Zeiten und Höhen der Hoch- und Niedrigwasser / Times and heights of high and low waters

Mai / May	h min	m		h min	m	**Juni** / June	h min	m		h min	m	**Juli** / July	h min	m		h min	m	**August** / August	h min	m		h min	m
1	1 14	3,7	**16**	0 39	3,7	**1**	2 03	3,6	**16**	1 53	3,6	**1**	2 22	3,5	**16**	2 42	3,6	**1**	3 15	3,5	**16**	3 56	3,5
	8 12	0,3		7 37	0,1		8 45	0,5		8 44	0,3		8 58	0,5		9 28	0,4		9 49	0,5		10 35	0,4
So	13 40	3,6	Mo	13 07	3,6	Mi	14 16	3,7	Do	14 14	3,8	Fr	14 32	3,8	Sa	14 57	3,9	Mo	15 21	3,8	Di	16 06	3,9
	20 25	0,3		19 59	0,2		21 06	0,4		21 16	0,2		21 27	0,5		22 05	0,3		22 17	0,5		23 08	0,4
2	1 51	3,7	**17**	1 22	3,7	**2**	2 36	3,5	**17**	2 47	3,6	**2**	2 56	3,5	**17**	3 33	3,6	**2**	3 48	3,5	**17**	4 33	3,4
	8 44	0,3		8 19	0,2		9 14	0,5		9 34	0,3		9 30	0,5		10 15	0,4		10 21	0,6		11 10	0,4
Mo	14 11	3,6	Di	13 48	3,7	Do	14 47	3,7	Fr	15 04	3,8	Sa	15 05	3,8	**So**	15 44	4,0	Di	15 55	3,8	Mi	16 45	3,8
	20 57	0,3		20 42	0,2		21 39	0,5		22 09	0,2		21 59	0,5		22 52	0,3		22 51	0,5		23 43	0,4

	Nr.	*Ort*	*HWZ*	*HWH*	*NWZ*	*NWH*
Vorausberechnungen Bezugsort Teil I, Seite 27	*506*	*Cuxhaven*	*13:40 Uhr*	*3,6 m*	*20:25 Uhr*	*0,3 m*

4. Schritt:

Die Steig- (SD) oder Falldauer (FD) des Bezugsorts berechnen und die Zeit in ein Längenmaß [cm] umwandeln.

➔ FD: 20:25 - 13:40 = 6 Std. 45 Min. 405 min / 60 = 6,75 cm

5. Schritt:

Eine neue Springtidenkurve für den Bezugsort in das Tidenkurvenblatt einzeichnen, dementsprechend muss man sich an der Spring- bzw. Nippkurve orientieren:

➔ HWH = 3,6 m NWH = 0,3 m FD = 6,75 cm

6. Schritt:

Die Höhe von **1,6 m** in die neue Tidenkurve des Bezugsorts einzeichnen:

7. Schritt:

Die Zeit an der Kurve ablesen, und zwar jeweils vom HW- und NW-Zeitpunkt aus:

➔ vom HW ablesen: 3,65 cm ➔ 3,65 * 60 = 219 min 3 Std. 39 Min.

➔ vom NW ablesen: 3,08 cm ➔ 3,08 * 60 = 185 min 3 Std. 05 Min

8. Schritt:

Uhrzeit berechnen:

➔ vom HW: 13:40 + 3 39 = 17:19

➔ vom NW: 20:25 - 3 05 = 17:20

9. Schritt:

Die zwei Zeiten mitteln und auf Minuten runden:

➔ (17:19 + 17:20) / 2 = 17:19,5 Uhr
runden ➔ 17:20 Uhr.

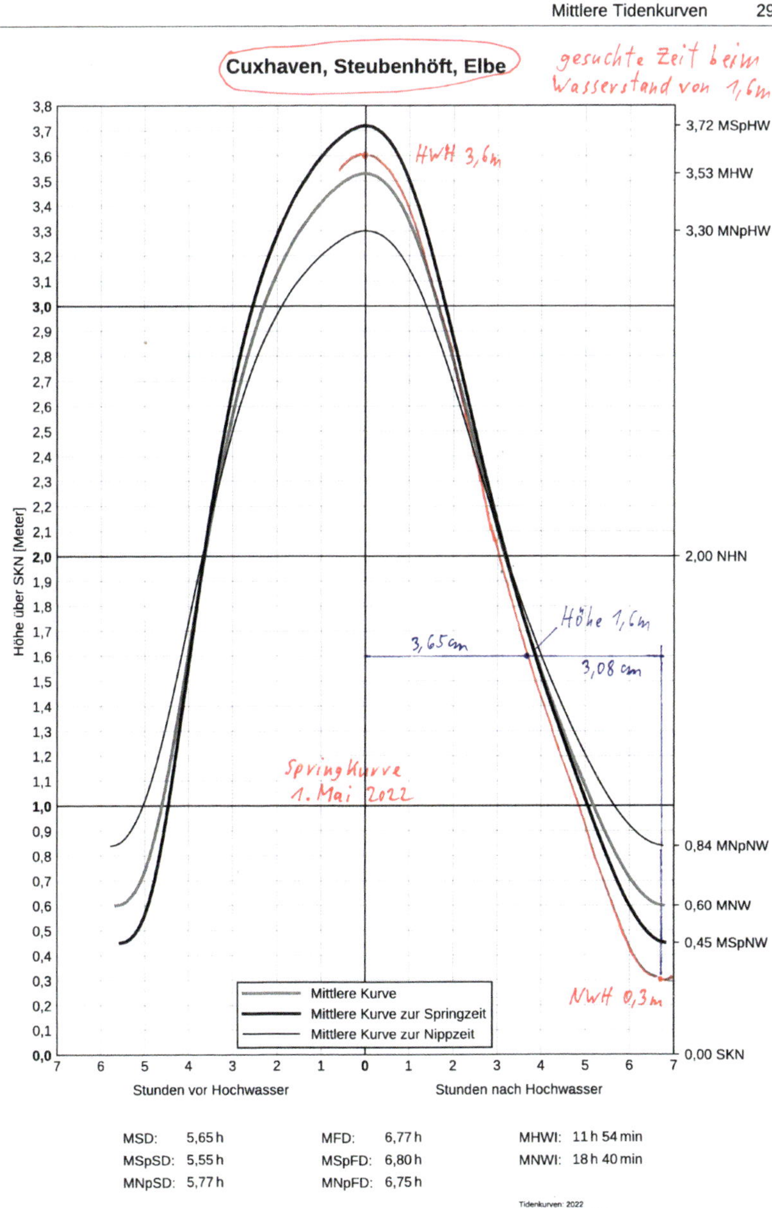

MSD:	5,65 h	MFD:	6,77 h	MHWI:	11 h 54 min
MSpSD:	5,55 h	MSpFD:	6,80 h	MNWI:	18 h 40 min
MNpSD:	5,77 h	MNpFD:	6,75 h		

Ergebnis:

Für den Bezugsort Cuxhaven ist am 1. Mai 2022 gegen 17:20 Uhr MEZ eine Höhe der Gezeit (HG) von 1,6 m über SKN zu erwarten. Um die Eintrittszeit in MESZ (Sommerzeit) zu erhalten, muss noch eine Stunde addiert werden.

10.5.2 Zeit zu einer bestimmten Höhe der Gezeit (HG) ➔ Anschlussort

Frage:
Um welche Uhrzeit ist nachmittags am 3. Dezember 2022 eine Höhe der Gezeit von 2,9 m über SKN beim Zehnerloch zu erwarten?

1. Schritt:
Aus dem »Teil IV«, Tafel 4 die Spring-, Mitt-, oder Nipp-Zeit entnehmen:
➔ Seite 205

Tafel 4

Spring (Sp)-, Mitt (M)- und Nipp (Np)-Zeiten. 2022

Tag	Jan	Feb	Mrz	Apr	Mai	Jun	Jul	Aug	Sep	Okt	Nov	Dez	Tag
1	M	Sp	M	Sp	Sp	Sp	Sp	M	M	M	Np	Np	1
2	Sp	Sp	Sp	Sp	Sp	Sp	Sp	M	M	M	Np	Np	2
3	Sp	Sp	Sp	Sp	Sp	M	M	M	Np	Np	Np	Np	3
4	Sp	Sp	Sp	Sp	M	M	M	M	Np	Np	Np	M	4

➔ Seite 205: Nippzeit

2. Schritt:
Eine Hilfstabelle anlegen:

	Nr.	Ort				
Vorausberechnungen Bezugsort, Teil I						
Unterschiede Anschlussort, Teil II						
Ergebnis, Anschlussort						

3. Schritt:
Den Anschlussort im »Ortsverzeichnis« suchen, die Nummer in die Hilfstabelle eintragen und den Ort im »Teil II« suchen:
➔ Zehnerloch Nr. 676
➔ Seite 175

4. Schritt:
Gleichzeitig kann auch der Bezugsort für den Anschlussort aus dem »Teil II« ermittelt werden:
➔ 506 Cuxhaven (Seite 26-28)

5. Schritt:

5. Schritt: Die Vorausberechnungen um die Nachmittagszeit des Bezugsortes aus dem »Teil I« heraussuchen:

➔ Seite 28

Cuxhaven, Steubenhöft, Elbe 2022

Breite / Latitude: 53° 52' N Länge / Longitude: 8° 43' E

Zeiten und Höhen der Hoch- und Niedrigwasser / Times and heights of high and low waters

September / September	h min	m		h min	m	**Oktober** / October	h min	m		h min	m	**November** / November	h min	m		h min	m	**Dezember** / December	h min	m		h min	m
1 Do	4 00 10 37 16 10 23 02	3,6 0,6 3,8 0,6	**16** Fr	4 30 11 09 16 48 23 29	3,4 0,4 3,6 0,6	**1** Sa	4 05 10 49 16 24 23 07	3,6 0,6 3,6 0,7	**16** So	4 24 11 05 16 49 23 13	3,4 0,6 3,3 0,8	**1** Di	5 19 12 13 18 01	3,5 0,6 3,2	**16** Mi	5 13 12 00 17 54	3,4 1,0 3,1	**1** Do	0 29 6 15 13 18 19 03	0,9 3,7 0,7 3,2	**16** Fr	5 37 12 31 18 18	3,5 0,8 3,2
2 Fr	4 36 11 13 16 47 23 35	3,6 0,6 3,7 0,6	**17** Sa	5 01 11 36 17 22 23 53	3,3 0,5 3,4 0,7	**2** So	4 43 11 27 17 07 23 44	3,5 0,6 3,5 0,8	**17** Mo	4 56 11 34 17 28 23 46	3,4 0,8 3,2 1,0	**2** Mi	0 32 6 24 13 22 19 16	0,9 3,5 0,8 3,2	**17** Do	0 13 6 09 13 01 18 59	1,1 3,4 1,0 3,1	**2** Fr	1 36 7 25 14 30 20 16	0,9 3,7 0,8 3,2	**17** Sa	0 44 6 31 13 25 19 15	0,9 3,4 0,7 3,1
3 Sa	5 11 11 47 17 24	3,5 0,6 3,6	**18** So	5 34 12 06 18 03	3,2 0,7 3,2	**3** Mo	5 29 12 13 18 02	3,4 0,7 3,3	**18** Di	5 41 12 21 18 24	3,3 1,0 3,0	**3** Do	1 50 7 44 14 49 20 43	1,0 3,5 0,8 3,2	**18** Fr	1 25 7 22 14 20 20 16	1,1 3,3 0,9 3,1	**3** Sa	2 53 8 40 15 46 21 31	0,9 3,7 0,8 3,3	**18** So	1 47 7 34 14 29 20 20	0,8 3,4 0,7 3,2

	Nr.	Ort	NWZ	NWH	HWZ	HWH
Vorausberechnungen Bezugsort, Teil I, Seite 28	*506*	*Cuxhaven*	*15:46 Uhr*	*0,8 m*	*21:31 Uhr*	*3,3 m*
Unterschiede, Anschlussort						
Ergebnis, Anschlussort						

6. Schritt:

Die Zeitenunterschiede für den Anschlussort aus dem »Teil II« heraussuchen und bei den Höhenunterschieden die entsprechenden Spring- bzw. Nippwerte entnehmen:

➔ Seite 175

						Mittlere Höhen des Bezugsortes			
506	**Bezugsort:** **Cuxhaven, Steubenhöft** **(Seite 26-28)**	**53°52'N**	**8°43'E**			**SpHW** **3,7**	**NpHW** **3,3**	**SpNW** **0,5**	**NpNW** **0,8**
	Elbegebiet								
677 C	Scharhörnriff, Bake A	53 59	8 19	- 1 05	- 1 16	0,0	+0,1	+0,1	+0,1
677	Scharhörn, Bake C	53 58	8 28	- 0 50	- 1 00	+0,1	+0,1	-0,1	+0,1
676	Zehnerloch	53 57	8 40	- 0 23	- 0 27	+0,1	+0,1	+0,1	+0,1
678 W	Neuwerk, Anleger . . . . o)	53 55	8 29	- 0 32	*	+0,1	+0,1	*	*

	Nr.	Ort	NWZ	NWH	HWZ	HWH
Vorausberechnungen Bezugsort, Teil I, Seite 28	*506*	*Cuxhaven*	*15:46 Uhr*	*0,8 m*	*21:31 Uhr*	*3,3 m*
Unterschiede Anschlussort, Teil II, Seite 175	*676*	*Zehnerloch*	*-0h 27min*	*+ 0,1 m*	*-0h 23min*	*+ 0,1 m*
Ergebnis, Anschlussort						

7. Schritt:

Die Zeiten und Höhen zusammenzählen und die Ergebnisse der Höhen auf Dezimeter [dm] runden:

	Nr.	Ort	NWZ	NWH	HWZ	HWH
Vorausberechnungen Bezugsort, Teil I, Seite 28	*506*	*Cuxhaven*	*15:46 Uhr*	*0,8 m*	*21:31 Uhr*	*3,3 m*
Unterschiede Anschlussort, Teil II, Seite 175	*676*	*Zehnerloch*	*- 0h 27min*	*+ 0,1 m*	*-0h 23min*	*+ 0,1 m*
Ergebnis, Anschlussort	*676*	*Zehnerloch*	*15:19 Uhr*	*0,9 m*	*21:08 Uhr*	*3,4 m*

8. Schritt:

Die Steig- (SD) oder Falldauer (FD) des Anschlussortes berechnen und die Zeit in ein Längenmaß [cm] umwandeln.

➔ SD: 21:08 - 15:19 = 5 Std. 49 Min. 349 min / 60 = 5,82 cm

9. Schritt:

Eine neue Nipptidenkurve für den Anschlussort in das Tidenkurvenblatt des Bezugsorts einzeichnen, dementsprechend muss man sich an der Spring- bzw. Nippkurve orientieren:

➔ NWH = 0,9 m HWH = 3,4 m SD = 5,82 cm

10. Schritt:

Die Höhe von **2,9 m** in die neue Tidenkurve des Anschlussorts einzeichnen:

11. Schritt:

Die Zeit an der Kurve ablesen, und zwar jeweils vom NW- und HW-Zeitpunkt aus:

➔ vom NW ablesen: 3,54 cm ➔ 3,54 * 60 = 212 min 3 Std. 32 Min.

➔ vom HW ablesen: 2,28 cm ➔ 2,28 * 60 = 137 min 2 Std. 17 Min.

12. Schritt:

Uhrzeit berechnen:

➔ vom NW: 15:19 + 3 32 = 18:51

➔ vom HW: 21:08 - 2 17 = 18:51

13. Schritt:

Die zwei Zeiten mitteln und auf Minuten runden:

➔ (18:51 + 18:51) / 2 = 18:51,0
runden ➔ 18:51 Uhr

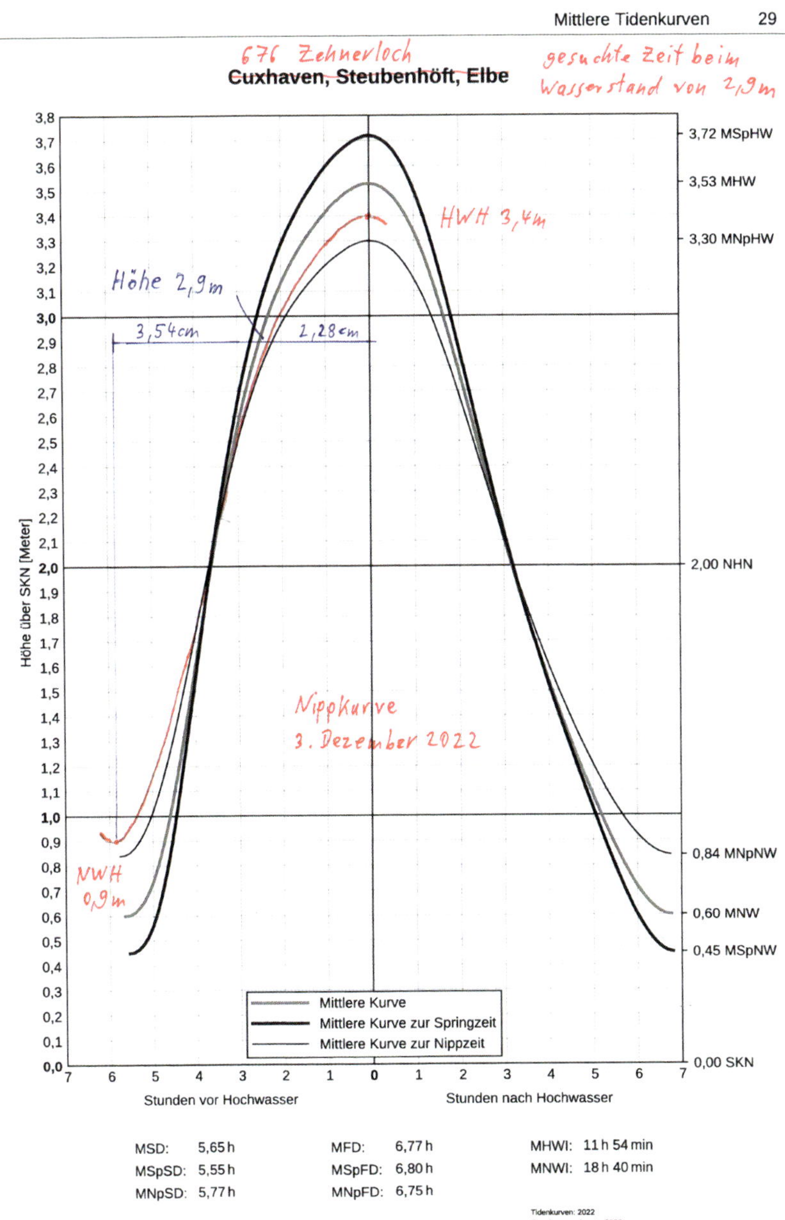

Ergebnis:

Für den Anschlussort Zehnerloch ist am 3. Dezember 2022 gegen 18:51 Uhr MEZ eine Höhe der Gezeit (HG) von 2,9 m über SKN zu erwarten.

Literaturverzeichnis

Dr. Jan O. Backhaus:
Gezeiten-Resonanz der Elbe, Beitrag in den Nachrichten der Segler-Vereinigung Altona-Oevelgönne e.V., Jahrgang 96, Nr. 3, Mai/Juni 2018

Ralf Brauner / Frank-Ulrich Dentler / Andreas Kresling / Wolfgang Seife:
Strom, Seegang, Gezeiten – Meereskunde für Segler, 2003

Dr. Albert Defant:
Verständliche Wissenschaft – Ebbe und Flut des Meeres der Atmosphäre und der Erdfeste, Band 49, 1953

Günter Dietrich / Kurt Kalle / Wolfgang Krauss / Gerold Siedler:
Allgemeine Meereskunde – Einführung in die Ozeanographie, 3. Auflage 1975

F.-A. Forel:
Le Léman, Monographie Limnologique, Band 2, Auflage 1895

Wolfgang Glebe:
Ebbe und Flut – Das Naturphänomen der Gezeiten einfach erklärt, 1. Auflage 2010

Walter Horn:
Gezeitenerscheinungen, Sonderabdruck aus dem »Lehrbuch der Navigation für die Kriegs- und Handelsmarine«, 1942

Professor Harald Lesch:
Astronomie – Die kosmische Perspektive, aktualisierte 5. Auflage 2010

Günther Sager:
Gezeiten und Schiffahrt, 1. Auflage 1959

Danksagung

An dieser Stelle möchte ich mich für die Durchsicht des Manuskriptes ganz besonders bei allen Kollegen im Bundesamt für Seeschifffahrt und Hydrographie (BSH) bedanken: für die Texte und Grafiken bei Anja Mohr, Heike Dreyer und Karina Kaiser und für die fachliche Unterstützung bei Ralf Annutsch, Dr. Sylvin Müller-Navarra, Detlev Machoczek, Wilfried Horn und Dr. Andreas Boesch. Erwähnen möchte ich ebenfalls Klaus Ruder, der dieses Werk aus großem privaten Interesse begleitet und nach außen hin verteidigt hat sowie viele Anregungen gab, Danke dafür.

Bibliografische Information der Deutschen Nationalbibliothek
Die Deutsche Nationalbibliothek verzeichnet diese Publikation in der Deutschen Nationalbibliografie; detaillierte bibliografische Daten sind im Internet über http://dnb.dnb.de abrufbar.

1. Auflage
ISBN 978-3-667-12846-1
© Delius Klasing Verlag GmbH, Bielefeld

Lektorat: Felix Wagner
Coverfotos: Frank Lukasseck/HUBER IMAGES (oben); Rainer Lüthje (unten links und rechts); Karina Stockmann (unten Mitte)
Titelrückseite: Bernd Koop (Mitte); Rainer Lüthje (links und rechts)
Innenteilfotos: alle Fotos stammen vom Autor mit Ausnahme von: Gezeitenmaschinen, Fotoarchiv, © Bundesamt für Seeschifffahrt und Hydrographie, Hamburg/Rostock; Hamburg Deichstraße und Mond, Karina Stockmann, BSH; Newton, gettyimages.de, Lizenzfrei, duncan 1890; de Coriolis, gravure de Zéphyrin Belliard d'aprés le tableau de Roller (1812-1866); Malströme, Jörg unter Lofoten; Malströme, Wikipedia, Creative-Commons-Lizenz; Bore im Hang-Tschou-Bucht, Probleme der Wasserwelten, Dr. H. Thorade 193 ; Turbulenzen, Angela Wießner, BSH
Illustrationen: Rainer Lüthje; Christin Hantsche / Karina Kaiser / Heike Dreyer, © Bundesamt für Seeschifffahrt und Hydrographie, Hamburg/Rostock; Gezeitentafeln 2022, Grafiken und Tabellen, © Bundesamt für Seeschifffahrt und Hydrographie, Hamburg/Rostock;
Admiralty Tide Tables Part III 2013, Großbritannien; Gezeitenkalender 2022, Grafiken und Tabellen, © Bundesamt für Seeschifffahrt und Hydrographie, Hamburg/Rostock; Monaco-Blätter, Tidal Constituent Bank, International Hydrographic Organization (IHO)
Karten: © Bundesamt für Seeschifffahrt und Hydrographie, Hamburg/Rostock; Genfer See, GNU-Lizenz für freie Dokumentation, Version 1.2
Umschlaggestaltung, Layout und Lithografie: Felix Kempf, www.fx68.de
Gesamtherstellung: Print Consult, München
Printed in Slovakia 2024

Alle in diesem Buch enthaltenen Angaben und Daten wurden vom Autor nach bestem Wissen erstellt und von ihm, dem Verlag sowie Wissenschaftlern des BSH und Experten der WSV mit der gebotenen Sorgfalt überprüft. Gleichwohl können wir keinerlei Gewähr oder Haftung für die Richtigkeit, Vollständigkeit und Aktualität der bereitgestellten Informationen übernehmen.
Das Werk darf nicht für die Navigation verwendet werden.
Wir haben darauf geachtet, keine Urheberechte zu verletzten. Sollten trotzdem Bildquellen nicht korrekt oder unvollständig angegeben oder ein Rechteinhaber übersehen worden zu sein, bitten wir die betroffene Institution oder Person, sich mit dem Verlag in Verbindung zu setzen. Haftungsansprüche gegen uns schließen wir grundsätzlich aus.

Alle Rechte vorbehalten! Ohne ausdrückliche Erlaubnis des Verlages darf das Werk weder komplett noch teilweise reproduziert, übertragen oder kopiert werden, wie z. B. manuell oder mithilfe elektronischer und mechanischer Systeme inklusive Fotokopieren, Bandaufzeichnung und Datenspeicherung.

Delius Klasing Verlag GmbH
Siekerwall 21, D - 33602 Bielefeld
Tel.: 0521/559-0, Fax: 0521/559-115
E-Mail: info@delius-klasing.de
www.delius-klasing.de

UNSER PRAXISWISSEN

Neu an Bord?
Die richtigen Handgriffe für Segler und Motorbootfahrer
ISBN 978-3-667-10172-3

Erich Sondheim
Knoten - Spleißen - Takeln
ISBN 978-3-667-12013-7

Paul Glatzel
Handbuch für Motorbootfahrer
ISBN 978-3-667-11388-7

Michael Sachweh
Wetterkunde für Wassersportler
ISBN 978-3-667-11589-8

shop.delius-klasing.de